U0040973

育兒之路
精準攻略

掌握 6 大關鍵
培養健康優質的寶貝

蘇本華、顏宏融、王淑麗
巫錦霖、楊惠婷、羅秋怡 ◎ 著
翁雅蓁 ◎ 採訪撰稿

〔推薦序 1〕

現代家長的育兒說明書

鄭丞傑
高雄醫學大學醫學系教授
台北秀傳醫院院長

非常開心可以有機會搶先閱讀《育兒之路精準攻略》，這本書融合 6 位不同專業領域專家的真實臨床經驗，為現代忙碌家長提出寶貴的建議，掌握 6 大關鍵，培養健康優質的寶貝，實屬難能可貴。

蘇教授／醫師建議必須抽絲剝繭探究原因，把握孩子的生長黃金期，避免陷入錯誤的觀念，強調精準醫療全方位成長。

顏院長／醫師認為中醫可提升孩子免疫力，健胃整腸營養好吸收，強調睡眠充足是成長關鍵，內外齊調理可改善過敏。

王博士研究發現生活周遭的致病因子，環境荷爾蒙不容小覷，必須養成好的觀念和習慣，盡量將傷害降至最低。

　　巫博士覺得提升免疫力學習才不會分心，孩子愈運動會愈快樂，不要沉迷手機且運動量達標，四肢發達，頭腦就會更優秀。

　　楊博士認為家長須以身作則養成好習慣，飲食能天然多樣化，鼓勵咀嚼減少糖攝取，讓食物擁有家的記憶。

　　羅博士重視心理環境與親子關係，認為建構成長型思維，增加有利因子，協助孩子在發展里程中前行。

　　相信這是一本從兒童生長、調理、環境、心理、營養，六大面向，以深入淺出的方法，寫給廣大家長看的一本好書。

〔推薦序 2〕

跨界合作的全方位育兒指南

陳孟秀

大恆國際法律事務所合夥律師

大願基金會董事長

　　《育兒之路精準攻略》是一本提供全方位養育孩子的指南，作者群更是難得一見的跨界合作，囊括中醫、西醫與教授三個領域，以專業且有科學論據的方式提供生長、調理、運動、營養的觀點，也談論環境與心理領域的育兒提點。

　　身為一個凍卵而想要孕育下一代的單身女性，很期待這本書的出版，希望我有朝一日能夠看著這本書養育孩子。也強力推薦給新手父母，有了這本書，相信新手爸媽能夠不忙不亂地養育新生兒。

〔推薦序 3〕

為世界創造希望 關心兒少心理健康

林星宇 (DG Riding)

國際扶輪 3470 地區總監
傳洋貿易集團副董事長

　　扶輪社長期幫助兒少相關的社會服務，未來一年的計畫目標是「為世界創造希望」。扶輪的宗旨在創造和平、機會與值得生活的未來的條件，幫助改善心理健康系統，期能減輕大眾的壓力及改善情緒。

　　本書提出的觀點，正是讓我們理解到孩子的心理建設與關懷如何做起？從這六大面向的認識與著手，有助於更精準、更高效能地挹注社會服務能量，保護好我們的孩子，為社會開創與建立心理健康與幸福。

〔推薦序4〕

育兒路上的得力助手

陳根雄
衛生福利部金門醫院副院長

在孩子成長的過程中，每個家庭都會面臨許多挑戰。無論是新手父母還是資深育兒專家，我們都在尋求更好的方法來解決遇到的問題。在這本《育兒之路精準攻略》一書中，6位專家成功地匯總了一套全面而實用的育兒方案，幫助我們在這段旅程中找到明確的指引。

值得一讀的《育兒之路精準攻略》無疑是每位父母育兒過程中的得力助手，我衷心推薦這本書給所有正在經歷或即將踏上育兒之路的朋友們，希望它能為您的家庭帶來溫馨和快樂，助您在育兒旅程中取得成功。

〔推薦序 5〕

專家與你同行

吳昌騰

林口長庚醫院兒童一般醫學科資深主治醫師
（榮獲 2023 台灣兒童醫療貢獻獎、第九屆衛生醫療領域紫絲帶獎）
長庚大學醫學系助理教授

　　這本書集結 6 位專家學者寫給父母的育兒知識，內容包括一些關鍵問題的解說及意見，將伴隨父母走過煩憂的育兒之路。

　　相信透過這本書給予的正確觀念，在關鍵問題上，讓家長做出明確的決定，讓孩子臉上充滿成長的笑容。

〔推薦序6〕

神隊友在線的育兒寶典

王弘傑

展弘聯合診所院長

兒科最前線雜誌編輯顧問

台灣兒科醫學會副理事長

榮獲「112年度台灣兒科醫學會基層醫師服務貢獻獎」

在兒科門診20多年的經驗裡，家長常提出小朋友如何長得更高、更健康？如何提升免疫力及改善過敏體質？……等等疑問，往往不易回答周全。

近日欣見專攻兒童內分泌的大學同學蘇本華教授與國衛院和幾位領域的專家學者，從兒童生長、調理、環境、運動、營養、心理六大面方向寫成《育兒之路精準攻略》一書，內文詳實，文章流暢，相信是父母親育兒的最佳寶典。

〔推薦序 7〕

育兒顧問團就在你身邊

林釗尚

林釗尚小兒科診所院長
台灣兒科醫學會理事
大台中醫師公會副理事長

從事兒科醫療 30 年，深感影響孩子成長的因素非常多。健康的生長需要充足的營養、適當的運動和良好的生活習慣，孩子的情緒與所處環境也會影響生長發育。

本書兼具深度與廣度，為父母提供六大面向的育兒攻略，還有許多可以實際操作的方法與建議，閱讀本書，就像把顧問團帶回家，與你同行育兒之路！

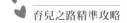

〔推薦序 8〕

精準育兒 健康生長贏在起跑點

趙振瑞

台灣營養學會理事長
臺北醫學大學保健營養學系教授 / 進修推廣處進推長
美國俄亥俄州立大學人體營養與食品管理博士

　　精準育兒是每個做父母的責任與目標，本書是準爸媽、新手或老少爸媽及幼兒教育相關人士之經典用書。書中提供 6 大關鍵，可說是面面俱到，相信掌握此 6 大關鍵，必能培養健康優質的小寶寶。

　　人生贏在起跑點，精準育兒定能贏得人生第一個成功與勝利。

〔推薦序9〕

永續成長的育兒智慧

戴謙

國立成功大學生物科技研究所創所所長

美國加州大學遺傳學博士

（曾任南台科技大學校長）

　　治理城市、管理南科、帶領學校與養育下一代，同樣都重視永續經營，不能貪快。先求基礎的建設，減少污染源，到設立合理與精準的目標去執行，促進兒童的成長也是。問題看似千變萬化，但基礎打得好，慢慢地就會有健康的成長。

　　這是一本講求精準的育兒指南，指點出育兒者當下會迷失的問題癥結。本書一語道破核心所在，掌握六大核心，從裡到外，獲得有系統地協助兒童成長的最佳解答。

〔推薦序 10〕
建構孕前至兒童發展之全方位精準攻略

彭瓊芳

美國馬里蘭大學科技管理博士
台灣生態危害健康管理學會理事長
美國 FDA 臨床研究員
台北市生物技術服務商業同業公會榮譽理事長
台北市政府醫藥顧問
賦格生物科技股份有限公司董事長

　　新生命來到，帶給父母歡欣喜悅，盡力呵護家中的寶貝，充滿對孩子美好的期待。卻在孩子成長過程中，發現寶貝長不高、胸部還隆起或男性生殖器官已發育，震驚之餘，尋求親友建議，尋訪各種偏方或未經就醫自行服用中藥，錯失正確診斷與治療時機。

　　2020 年，我舉辦「精準生態醫療高峰論壇」，蘇理事長與王淑麗博士對環境荷爾蒙與兒童發育健康風險提出探討。兩位專家攜手近 20 年就環境有害物質與兒童生長發育做長期調查與追蹤，發現環境荷爾蒙影響胎兒至兒童生長發育甚巨，

提出懇切呼籲，家長面對孩子性早熟的症狀時，應就醫尋求正確的診治，以及避免接觸有毒物質。

蘇理事長謙虛有才，是兒童遺傳代謝專家，長年深耕兒童內分泌生長發育領域，當我得知她門診掛號超過 300 號，令我相當訝異，其辛苦看診，原來是這麼多家長有兒童生長發育的煩惱！

為幫助家長們有明確的指引，蘇理事長與王淑麗博士等優秀專家撰寫《育兒之路精準攻略》專書，此書為國內首部全方位探討環境與兒童生長發育指引專書，是父母育兒的寶典，值得珍藏。

本人感佩兩位專家致力兒童生長的努力，推薦為序文，實感榮幸！

〔推薦序 11〕

培育健康、抗挫、高 EQ 的新一代

劉珣瑛

馬偕醫學院教授
馬偕醫院精神科兒童心智科主治醫師
（曾任馬偕醫院精神科主任、自殺防治中心主任）

　　近年來國人少子化，本書提供父母精準的 6 大面向育兒觀，孩子若有身心發展議題，結合有利因子與及早精準的介入時機策略，很有機會找到出路與康復。日常不能省略的運動對兒童成長的重要性，如何提升孩子營養與睡眠，減少過敏的問題；對應到了解孩子的天生氣質，有良好親子互動做為保護，培養出高 EQ、能抵抗挫折、有成長型心智的下一代，預防勝於治療，就不怕憂鬱症來襲。

〔推薦序 12〕

孩子的成長藍圖 家長的育兒指南

張華蘋

亞洲大學護理系助理教授

這本書結合了國衛院及多位專家的知識與經驗，從多個面向深入淺出地探討了兒童生長、調理、環境、運動、營養和心理等話題。這些主題都是家長們關心的焦點，書中提供了許多實用的指南和建議。

從事兒科護理逾30年，看過許多為孩子成長操心的家長，我相信，這本書一定能幫助更多家長更好地照顧孩子，讓孩子健康快樂地成長。

〔推薦序 13〕

專家帶路 育兒有伴

張振崗
國立臺灣體育運動大學教授兼副校長
美國俄亥俄州立大學營養學博士

　　如果你是一位新手父母，或正準備要成為父母，我強烈推薦這本書——《育兒之路精準攻略》。本書由教授級的中醫、西醫、學者撰寫，提供了全面且易懂的育兒指南，讓你掌握 6 大關鍵，培養健康優質的寶貝。從生長、調理、環境、運動、營養到心理，每個方面都有詳盡的建議和實用技巧。

　　這本書特別注重實證醫學和科學，每位作者基於對嬰兒發展和成長的深入研究，為父母提供最新、最全面的知識，是一本不可或缺的育兒聖經。

〔推薦序 14〕

超越舊思維 養育優質的新世代

蔡仲南

南華大學棒球隊總教練
前中華職棒國手（指叉球王子）

　　常在長輩口中聽到：「按呢才會緊大漢、抽長啦！」老一輩養育兒孫的方法，就是呷飽睏飽，一定要養到「肥朒朒、膨獅獅」才有成就感。事實上，肥胖是現代小孩的健康問題，高油、高糖、精緻食品皆來者不拒，許多來歷不明的食品原料與成分，導致孩童正常的生長被抑制了。

　　現在環境的變遷、資訊來源充裕、家長們對孩子教育的期待，也犧牲了孩童的睡眠，形成家家都有暗光鳥的狀態，然而睡眠對於成長中孩童也占有重要的角色。再者，都市林立，孩童們的活動空間被侷限，相較下現代小孩的運動量大大減少，進而影響了體能與健康。

　　孩童的健康成長過程不只有一個環節，而是多方面環環相扣，讓古早的養兒育女方式塵封落土，現代的父母對於照

顧孩童的知識應該根據科學，推薦《育兒之路精準攻略》一書，掌握 6 大關鍵，培養健康優質的寶貝，由各領域的專家從「生長」、「調理」、「環境」、「運動」、「營養」與「心理」層面精闢解說，其內容淺顯易懂，當您面對養育兒女的過程中，遭遇到徬徨的關卡時，本書有專家們提供正確的觀念，讓難題迎刃而解，期待成長中的孩童都能得到全方位的照護。

〔作者序 1〕

生長

由內而外的健康
精準攻略引領育兒新思維

蘇本華

在這個瞬息萬變的世界中，人類對生命的認識不斷深化。然而，無論科技如何發展，孩子的健康始終是每位家長關心的課題。

走過 30 年的兒科生涯，深知影響兒童生長的因素繁多，這些因素校調得宜才能使孩子健康成長。因此，我決定從自己的遺傳專科出發，邀請中醫調理、飲食營養、運動體能、環境醫學、心理諮商等領域專家共同創作一本充滿實踐方案的育兒攻略，希望能為正在育兒或備孕的家長們帶來一份整合式的地圖。

本書匯集了各領域的精華，專家們深入淺出說明了重要的知識，並在經驗中為家長們提供日常可操作的具體建議，讓您放下書本就能開始執行。

　　〈生長篇〉與〈調理篇〉整合了西醫與中醫對兒科照護的經驗與建議。〈生長篇〉分析兒童生長的觀察、診斷與治療，並說明發育過早或遲滯可採取的行動。〈調理篇〉說明中醫在兒童生長過程中的獨特貢獻，由內而外，以健運脾胃調理體質、以適當中藥緩解過早發育。在醫師意見之外，日常照顧仍有方方面面要注意。〈環境篇〉提醒我們留意生活環境對健康的影響，以及如何在日常生活中營造安全健康的環境。〈運動篇〉講述了運動對孩子身心健康的重要性，並提供了適合不同年齡段的運動建議。〈營養篇〉闡述孩子成長過程中的營養需求，教導家長如何合理搭配飲食，幫助孩子建立良好的飲食習慣。〈心理篇〉探討家庭與親子關係的重要性，教導家長如何引導孩子建立積極的心態，並正確應對孩子成長過程中的各種心理問題。

　　衷心感謝所有參與本書創作的專家們，您們的專業知識和經驗是本書豐富內容的基石。

　　育兒之路充滿挑戰和機遇，每位家長都是孩子成長路上的引路人。兒童成長是精準醫療，每個人都在基因、體質和所處環境中長成獨特的自己。這本書將是您手中的指南，陪伴您和孩子在健康、快樂的環境中迎接充滿希望的未來！

〔作者序 2〕

調理

兒童生長全方位照護：中醫視角與實踐

顏宏融

「如果這是我的孩子，我要怎麼幫助他？」這是我看診的時候常常在思考的。

門診經常遇到家長帶著孩子來就診，兒童的中醫體質具有「心肝常有餘、肺脾腎常不足」的特色，特別是小孩子的「臟腑柔弱、易虛易實、易寒易熱」，更需要兒科醫師針對體質辨證分型仔細調理。除了中、西醫整合的診療，我也經常關心這些孩子在學校上課的情況、睡眠、飲食和運動的習慣。中醫典籍《黃帝內經》重視天人合一的觀念，完整的兒童照護，不只是中、西醫的整合，包括環境、運動、營養、心理健康，缺一不可。

很高興跟大家分享如何透過中醫的方法調節孩子的免疫力，調理脾胃運化的功能，更要重視睡眠，改善體質，希望每一個孩子在成長的過程中能夠更加健康、快樂與自信。

〔作者序 3〕

環境

20 年的追蹤與反思
為孩子打造更健康的成長環境

王淑麗

　　猶記得 1997 ～ 2000 年在中山醫大公衛系主授「婦幼衛生課程」，籌措著這門必修課應該有哪些內容？有趣的是，當年蒐集的資料和其延伸，漸漸竟蛻變成孕婦與新生兒長期追蹤研究；從 2001 年與蘇本華醫師一起，每 3 年追蹤 1 次的相聚合作，一晃眼，來到 2022 年的第 7 回，如此伴隨小朋友，從出生前一直到成長為大人，當中互動的點點滴滴，累積為篇篇充滿關懷的健康提醒的文章，集結在此呈現在大家面前。

　　這 20 多載又經歷多少環境事件？例如：2011 年的塑化劑污染多種飲料、錠劑、粉劑和果醬的例子，在在告訴我們，兒童在生理上是易感受性族群，在社會上是易受傷害族群，必須更加重視環境對兒童生長發育的影響。

　　在生活場域中，空氣污染、重金屬污染、塑化劑、環境荷爾蒙，這些都是誘發兒童罹患上呼吸道疾病、過敏系疾病和內分泌與新陳代謝的危險因子，更可能影響兒童的免疫系統、神經系統、干擾內分泌系統，甚至生殖系統。我在書中羅列出各種污染物的來源與可能造成的危害，有來自我們共同記憶的新聞事件，也有我長期研究得到的具體發現。當我們迎接便利生活的同時，也要留意如此新興的生活是否隱藏著對健康的耗損？

　　環境荷爾蒙是以隱形的手法，從生命相當早期就深遠地影響生、心理的功能。本書針對各種污染型態提出了預防對策，只要在日常生活中改變飲食習慣和生活方式，就能減少從生活用品及食物中攝取到過量的環境污染物，當我們更有意識地注重生活細節，就能為孩子打造更健康的成長環境。

〔作者序4〕

運動

活躍與成長 創造動態的健康社會

巫錦霖

　　在育兒的路上，健康成長是每個父母的最大願望，除了注意生長、調理、環境、營養、心理等，在運動與身體活動也是促進嬰幼兒、兒童及青少年健全發展重要的一環，在運動與身體活動已有許多的研究證實，對於兒童青少年不僅在生理上、心理上，以及大腦的發展，都占有重要的地位。

　　然而在科技發展迅速的年代，全球的兒童青少年身體活動量顯著不足，也因此衍生出健康上的問題。本書在運動部分，除了闡述簡單的運動與身體活動的概念，並提供了目前國際間面臨兒童青少年身體活動的問題，也提供解決的方案。

　　健康國民是國家最大的資產，對於運動與身體活動，唯有家庭、社區、學校及國家的支持，從小養成運動與身體活動的習慣，推廣至各個年齡層，為國家新世代創造一個動態的健康社會。

〔作者序 5〕

營養

從小培養正確飲食習慣 享受健康人生

楊惠婷

本人十分榮幸,能夠跟隨蘇本華醫師,在她的帶領下參與這本書的創作,從資料蒐集、發想、編寫到誕生,能夠跟所有專家一起為維護兒童的健康在各方面提供建議,真的十分開心!

病從口入,要健康,得要管住嘴!飲食對於健康扮演極為重要的角色,而養成正確的飲食習慣最為基本,這一切絕對需要從小做起,我們希望藉由這本書,能夠喚醒家長對於健康飲食的意識,為孩子儘早建立正確的飲食習慣,從根本解決國人的健康問題。

〔作者序6〕

心理

關注孩子心理健康
從氣質到韌力的教養之道

羅秋怡

　　成長當中有太多難料的關卡，面對挫折阻撓常會衍生出不同的心理疾病。本書在心理部分提出實用又有利兒童發展的教養原則，從了解孩子先天的氣質開始、教孩子根據年齡發展，訓練生活自理的能力與習慣、自覺體察情緒學習協調情緒，建立成長型心智。提供能操作具體的方法，正向看待壓力，增加發展中的有利因子，辨識與遠離不利因子，建立孩子抵抗逆境與面對未來的正向動機。

　　秋怡從台北馬偕醫院為工作起點，多年來與小兒科及兒童心智科醫師團隊一起工作，公費至美國賓州大學（University of Pennsylvania）進修取得兒童心理發展碩士，在費城觀摩早療團隊社區的運作方式；2008年在臺南成立第一家心理治療所至今。綜合了美國台灣經驗，場域從台灣城

市的北到南、城市到鄉鎮，綜合 30 年以上的經驗，提供家長們培育孩子心理健康的觀點：不是幫孩子贏在起跑點，而是如何平安向前走的方向感與韌力信心。期能提早預防憂鬱症，關關難過也能關關過，在人生道路上，快樂、健康地前進。

育兒之路 Content
精準攻略 目錄

生長 ◉蘇本華　　　　　　　　　　　　　　　032

抽絲剝繭探究原因 把握孩子的生長黃金期
避免陷入錯誤的觀念 精準醫療全方位成長

調理 ◉顏宏融　　　　　　　　　　　　　　066

中醫改善孩子免疫力 健運脾胃營養好吸收
睡眠飲食運動都重要 中醫針灸藥膳調體質

生長

抽絲剝繭探究原因　把握孩子的生長黃金期
避免陷入錯誤的觀念　精準醫療全方位成長

台灣精準兒童健康協會理事長
中山醫學大學醫學院教授
醫學系兒童學科主任

蘇本華

在育兒路上，父母無不期望孩子正常、健康地成長，而健康判定的標準，除了是否發生疾病？身高也是一個重要的評估標準。通常健康有疑慮的孩子，無法達到該年齡應有的平均身高標準。

追本溯源 探究生命的源起孕育健康

在一群年齡相仿的孩子中，無論是「鶴立雞群」或「雞立鶴群」的孩子，都格外引人矚目，外觀明顯的差異，讓有些父母不禁嘟囔，抱怨孩子不好好吃飯，所以才會長不高，甚至心生恐慌，急著帶孩子就診或嘗試各種補品、藥品，殊不知孩子的身高和身體狀況，早在母親懷孕期間，在媽媽的肚子裡就有所影響。所以，當準備孕育一個生命，就要從孕期開始注意，給胎兒適度的營養和環境，讓孩子逐漸成長，從而享受迎接誕生的喜悅。

生命不是憑空創造出來的，它包含了一連串複雜的演化，以及特有的基因密碼；每個人身上有兩萬多個各種功能的基因，在這些基因交會中，精子與卵子於減數分裂時，藉由亂數與機率，產生了一組新的、專屬自己的基因密碼，蘊藏生命的奧妙，因此，每個生命都是獨一無二的個體，需要耐心解讀。

有科學家研究發現，胎兒在母體內，若是所處環境不佳，胎兒會有自救的能力，先行改變自己的代謝所需，保護重要器官以維持生存，有道是「生命會自己找出路」。因此，企盼孩子誕生且疼愛孩子的父母，一定要在孕期保持健康身體，充足營養，情緒穩定，給予最好的子宮內環境，讓孩子打穩未來健康成長的基礎。

所以，當專業的兒科醫師在觀察孩子的生長發育時，不會僅看當下的狀況，深入了解其雙親的健康條件，也會詢問他從小到大的成長過程，包括小時候所接觸的環境、母親孕期的情況，甚至回溯到生命最初的起源，深入了解其雙親的身體條件，同時進一步去探討雙親的家族遺傳。

費心觀察 抽絲剝繭找出真正的原因

當孩子呱呱落地之後，嬰兒時期是成長最快速的階段，每個月都帶給父母不同的驚喜變化，父母也要密切關注孩子的成長，觀察孩子的發育成長是否符合標準？何時會抬頭、翻身？何時長牙？何時會坐、爬？何時會吃副食品？何時會叫爸媽？何時會走路？都需要父母特別費心注意，尤其新手父母，更是切莫疏忽。

〈表 1-1〉嬰兒時期成長狀況

	第 3 百分位	第 15 百分位	第 50 百分位	第 85 百分位	第 97 百分位
出生	♂男：2.5kg ♀女：2.4kg	♂男：2.9kg ♀女：2.8kg	♂男：3.4kg ♀女：3.2kg	♂男：3.9kg ♀女：3.7kg	♂男：4.3kg ♀女：4.2kg
2 個月	♂男：4.4kg ♀女：4.0kg	♂男：4.9kg ♀女：4.5kg	♂男：5.6kg ♀女：5.1kg	♂男：6.3kg ♀女：5.9kg	♂男：7.0kg ♀女：6.5kg
4 個月	♂男：5.6kg ♀女：5.1kg	♂男：6.2kg ♀女：5.6kg	♂男：7.0kg ♀女：6.4kg	♂男：7.9kg ♀女：7.3kg	♂男：8.6kg ♀女：8.1kg
6 個月	♂男：6.4kg ♀女：5.8kg	♂男：7.1kg ♀女：6.4kg	♂男：7.9kg ♀女：7.3kg	♂男：8.9kg ♀女：8.3kg	♂男：9.7kg ♀女：9.2kg
8 個月	♂男：7.0kg ♀女：6.3kg	♂男：7.7kg ♀女：7.0kg	♂男：8.6kg ♀女：7.9kg	♂男：9.6kg ♀女：9.0kg	♂男：10.5kg ♀女：10.0kg
10 個月	♂男：7.5kg ♀女：6.8kg	♂男：8.2kg ♀女：7.5kg	♂男：9.2kg ♀女：8.5kg	♂男：10.3kg ♀女：9.6kg	♂男：11.2kg ♀女：10.7kg
1 歲	♂男：7.8kg ♀女：7.1kg	♂男：8.6kg ♀女：7.9kg	♂男：9.6kg ♀女：9.0kg	♂男：10.8kg ♀女：10.2kg	♂男：11.8kg ♀女：11.3kg
1 歲 2 個月	♂男：8.2kg ♀女：7.5kg	♂男：9.0kg ♀女：8.3kg	♂男：10.1kg ♀女：9.4kg	♂男：11.3kg ♀女：10.7kg	♂男：12.4kg ♀女：11.9kg
1 歲 4 個月	♂男：8.5kg ♀女：7.8kg	♂男：9.4kg ♀女：8.7kg	♂男：10.5kg ♀女：9.8kg	♂男：11.8kg ♀女：11.2kg	♂男：12.9kg ♀女：12.5kg
1 歲 6 個月	♂男：8.9kg ♀女：8.2kg	♂男：9.7kg ♀女：9.0kg	♂男：10.9kg ♀女：10.2kg	♂男：12.3kg ♀女：11.6kg	♂男：13.5kg ♀女：13.0kg
1 歲 8 個月	♂男：9.2kg ♀女：8.5kg	♂男：10.1kg ♀女：9.4kg	♂男：9.2kg ♀女：8.5kg	♂男：12.7kg ♀女：12.1kg	♂男：14.0kg ♀女：13.5kg

　　每個寶寶出生都有一本專屬的兒童健康手冊，這是由衛生福利部國民健康署匯集許多兒科醫師和專家意見編製而成，能協助您在育兒道路上掌握寶貝的健康狀況，除了預防接種與健康檢查的重要紀錄，還提供許多保健知識，是家長最便利的工具書。

此外，國民健康署也針對 7 歲以下兒童提供 7 次健檢服務，家長或主要照顧者應參照兒童健康手冊所列時程，定期帶孩子至醫療院所接受健康檢查，以了解兒童健康狀況，若早期發現異常，及時給予治療，就能奠定健康好根基。

除了定期到院接受身體診察，家長平時在家裡也可以仔細觀察並詳實記錄孩子的肢體動作與發展狀態，以下是寶寶出生到 7 歲之間 7 個階段的重要記錄事項：

出生至 2 個月記錄事項：

1. 清醒時俯臥，是否能將頭稍微抬離床面？
2. 出現巨大聲音時，是否會驚嚇的手腳伸開或哭出來？
3. 用手電筒照射寶寶的眼睛，他是否會眨眼？
4. 用手電筒照眼睛，是否有角膜（黑眼珠部分）混濁或白瞳孔？
5. 在耳邊搖動鈴鐺或其他會發出聲音的東西，是否會有反應？

2 個月至 4 個月記錄事項：

1. 俯臥時，是否能抬頭至 45 度？
2. 是否會注視移動的物品？
3. 跟寶寶說話或逗他時，是否會微笑？
4. 跟寶寶說話或逗他時，是否會發出像「ㄚ」、「ㄍㄨ」之類的聲音回應？

4 個月至 10 個月記錄事項：

1. 4～5 個月，俯臥時，會用兩隻前臂支撐將頭抬高至 90 度嗎？

2. 4～5 個月，面對面時能持續注視人臉，表現出對人的興趣嗎？

3. 6～8 個月，會翻身了嗎？

4. 6～8 個月，會伸出手抓取身邊的玩具嗎？

5. 6～8 個月，會轉頭尋找左後方和右後方約 20 公分處的手搖鈴聲嗎？

6. 9～10 個月，能自己坐穩數分鐘、不會搖晃或跌倒嗎？

7. 9～10 個月，會將玩具由一手換至另一手嗎？

8. 9～10 個月，會發出連續的「ㄇㄚㄇㄚㄇㄚ」或「ㄉㄚㄉㄚㄉㄚ」之類無意義的聲音嗎？

10 個月至 1 歲半記錄事項：

1. 能扶著物體維持站立姿勢？

2. 12 個月大後的寶寶能由躺的姿勢自己坐起來嗎？

3. 15 個月大以後的寶寶，能不扶任何東西，自己行走了嗎？

1 歲半至 2 歲記錄事項：

1. 會聽從簡單的口頭指令嗎？

2. 會用肢體動作表達嗎？

3. 會說 5 個以上有意義的單字了嗎？

4. 會模仿大人使用家裡的用具或做家事嗎？

5. 會用手去指有趣的東西，與別人分享嗎？

2 歲至 3 歲記錄事項：

1. 能由大人牽著一隻手或自己扶著欄杆下樓梯嗎？

2. 會正確指認 1、2 樣圖片中的東西或動物嗎？

3. 能正確指出至少 6 個身體部位嗎？例如：頭、手、腳、眼、耳、鼻、嘴

4. 至少有 10 個穩定使用的語詞嗎？

3 歲至 7 歲記錄事項：

1. 3 ～ 4 歲，能自己用湯匙吃東西，很少溢出來嗎？

2. 3 ～ 4 歲，能說出一個顏色，並說出三個圖案名稱嗎？例如：鞋子、飛機、魚……等。

3. 3 ～ 4 歲，通常可以和人一問一答持續對話，使用 2-3 個單詞的短句，且回答內容切題嗎？

4. 3 ～ 4 歲，會從樓梯的最後一階雙腳跳下嗎？

5. 4 ～ 7 歲，會單腳站立至少 5 秒鐘嗎？

6. 4 ～ 7 歲，玩家家酒時會扮演爸爸、媽媽或其他大人的模樣嗎？（4 歲半以上）

7. 4 ～ 7 歲，說話表達正常嗎？例如：會和他人一問一答的聊天或談話

　　孩子逐漸長大，以身高而言，小學階段的孩子一年應該要長高 5 ～ 6 公分，當然，人類不是機器人，全部依照統一規格成長，同齡的孩子在成長上也會有所差異，但不能距標準身高差距太大。

如果小學生一年長不到 4 公分，身高小於第 3 個百分位，就要格外注意了，最好早點前往專科門診諮詢。因為身高所反應的，究竟是孩子的體質問題？還是單純的遺傳？或是環境的因素？原因需要抽絲剝繭，才能對症下藥。

〈表 1-2〉0 ～ 18 歲孩子各年齡階段成長的標準身高參考

各年齡兒童正常生長速度表	
年齡	生長速度／年
出生－12 個月	23-27 公分
12 個月－1 歲	10-14 公分
2－3 歲	8 公分
3－5 歲	7 公分
5 歲－青春期	5-6 公分
青春期	女生：8-10 公分 男生：10-12 公分

到了青春期，這是除了嬰兒期之外，成長最快的階段，男生在 11 歲半到 14 歲，女生在 10 歲到 12 歲，這時候的成長速度是之前的 2 倍，若是能夠好好把握、調整，男生平均每年有機會長高 10 ～ 12 公分，女生平均則為 8 ～ 10 公分。

在討論孩子的生長時，固然身高是一個明顯可見的標準，但也僅是指標之一，家長可由結果去反推原因，若真有需要，

再加以診療。疾病也是如此，自然要找出病因、緣由，才有辦法改善，進而對症下藥，藥到病除。

 ## 生長激素 並非解決問題的唯一答案

有的家長認為，孩子長不高、長不好，一定是缺乏生長激素，著急要醫生施打生長激素，讓孩子快快長高。誠然，部分案例的確是因為腦下垂體病變，導致生長激素分泌不足，這屬於病理性，針對原因治療，真的可以立竿見影，解決問題。

不過，並非所有孩子的成長不良，都是源於生長激素的缺乏，莫以為趕緊注射就可以擺脫困擾；事實上，任何不符合孩子正常狀態的現象和疾病，最重要的，還是找出背後真正的原因。發育遲緩其實攸關諸多因素，遺傳、過敏、壓力大、睡不好……等等，都有可能是真正的問題所在，生長激素反而是間接原因。

人有兩段快速生長的黃金期：即嬰兒期和青春期。介於中間的這段時期可視為基礎，青春期前可視為助跑，而青春期則視為衝刺。因此，青春期前到骨骼生長板還未閉合前，是重要的長高機會，需要好好掌握。

如果確認孩童生長有所不足，醫師會先行追蹤觀察。這方面的追蹤通常是 3 ～ 6 個月一次，但也要看狀況，畢竟，孩子的發育速度不一定，3 個月的時間，可能就有變化；因此一開始至少 3 個月追蹤一次，再視情況縮短或延長追蹤時間。

青春期前是生長激素治療長高的黃金期，能夠明顯改善發育遲緩。然而，使用生長激素注射來解決孩子的成長問題，通常需要治療數年以上。因此，不論是孩子還是家長，都要有耐心配合治療，放鬆心情，快樂成長。

骨齡檢測 以科學指標判斷孩子成長

不可否認，決定身高的因素太多了，遺傳雖占了 70%，但至少還有 30% 可以從飲食、運動甚至醫療來努力，所以家長雖不能忽略遺傳的影響，但後天的努力仍可讓孩子頭好壯壯，高人一等。

醫學上，兒童有兩種年齡計算方式，一種是生理年齡（Chronological age），由出生日算起的實際年齡；另一種是骨骼年齡（Skeletal age or bone age，簡稱骨齡），反映骨骼

成熟度的人工評估年齡。評估骨齡的基礎是根據身體在發育的過程中，各個骨化中心（Ossification center）會有一定的出現次序和成熟時間，所以，在某個時間點上骨骼成熟階段的平均值，即為骨齡的指標。

骨齡檢測，目前最普遍被使用的方法是左手掌（包括手腕）X 光照射的骨齡評估，因為手掌手腕的骨節多，相對的骨化中心也多，較容易比較出不同階段的骨骼發育，是一個客觀的評量方式。

當骨齡符合實際生理年齡時即為正常發育，當骨齡與生理年齡差異較大時，則可判定為早熟或者晚熟，進一步分析造成異常的原因。

骨齡異常多半與內分泌新陳代謝有關，兒科醫師會根據孩子的年齡、身高、體重、身體質量指數（BMI）、營養狀態、潛在疾病、青春期發育的成熟度，綜合判斷骨齡是否符合整體表現，提供最適切的建議與治療。尤其家長如果對於孩子有性早熟的疑慮，應該盡早就醫診治。

把握時機 在生長板閉合前達到效果

　　生長板閉合的時間是影響身高的關鍵。什麼是「生長板（Growth Plate or Epiphyseal Plate）」呢？位置在哪裡呢？生長板位於長骨的兩端，是一段軟骨的結構，為骨骼成長的核心地帶。透過 X 光照射，我們看到的生長板影像是一條黑色的縫隙，那是硬骨與硬骨之間的間距，一塊由軟骨構成的區域（如圖 1-1）。

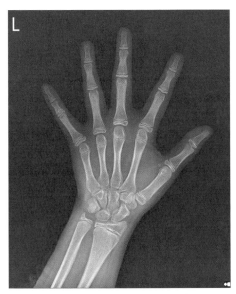

圖 1-1　骨齡生長板尚有空間

因受到腦下垂體分泌的生長激素刺激，生長板會不斷增生軟骨組織，新生的軟骨經鈣化後形成硬骨，骨頭因而變長、變寬，這也是兒童能夠不斷成長、增高的原因。

隨著孩子青春期到了尾聲，生長板逐漸閉合（如圖 1-2），此時的身高也就達到最終成人身高。

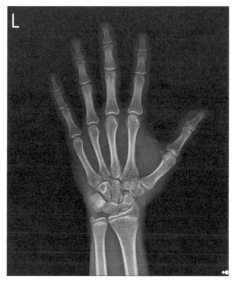

圖 1-2　骨齡生長板快要閉合

青春期是人們的快速生長期，這個階段的青少年會快速長高一、二年，之後減速，生長至骨頭末端的生長板軟骨閉

合。一般而言，女孩的骨齡約莫到 14 歲，男孩到 16 歲，生長板一旦閉合，這時候的身高，就差不多定型了。

當生長板準備閉合時，生長程度已達尾聲，人的身高便從此決定。在生長板閉合之後，即使給予任何生長激素或增高器的刺激，也是無法達到增高的效果。也就是說，不論男生或女生，到了這個時期，長高機會便不大，因此想讓孩子高人一等，絕對要把握生長板閉合前的黃金發育期。

生長停滯 家長應該重視性早熟問題

現代有許多孩子因為「性早熟」問題，促使骨齡超前、生長板提早閉合，導致身高定型的時間提前，身高成長因此受限。

性早熟是指女生在 8 歲之前，就開始出現第二性徵，通常是胸部發育，可能是單邊，也可能是兩邊乳房同時發育；男生則是 9 歲前出現陰莖增長、睪丸變大。如果在這年紀之前性徵有發育，導致提早成熟，孩子的最終身高將受到影響，最嚴重甚至會損失 10 ～ 25 公分的身高，非常可惜。

女孩性早熟有 80～90% 的原因都跟內分泌有關，男生早熟除了內分泌的問題，也有一部分跟病態性的腫瘤有關，這些都需要家長細心發覺，及時就診，交由專業醫師去判斷，找出真正的原因。例如：我有一位病人小男生 4 歲即長陰毛、仔細檢查發現是因為長了性腺畸胎瘤而分泌出大量性荷爾蒙導致外觀早熟。還有先天性腎上腺增生症，導致 6 歲即荷爾蒙上升而長出鬍子及陰毛，以上案例都有賴父母細心注意，立刻帶來求診，很快找出病因，進而得到良好的控制和治療，後來都長到 180 公分，非常幸運。

研究顯示，性早熟對兒童的生理和心理都有負面的影響。在生理方面，性早熟兒童除了日後有身高問題，後繼發生代謝性疾病（如三高：高血壓、高血脂、高血糖）與性腺疾病（女生如乳房、卵巢、子宮相關婦科疾病，男生如攝護腺問題）的風險都增加了。

在心理方面，性早熟兒童因外觀提早變化有異於同年年齡的小孩，例如：女孩有特別明顯的胸部發育或男生出現鬍子、陰毛，都會影響她／他們的校園生活及同儕間相處。另外，性早熟女童初經通常提早來潮，生理期問題也容易增加心理壓力與焦慮。例如，害怕衛生棉被同學看到，遭人嘲笑。

　　以女孩子來說，從胸部發育到月經來的這個階段，就像在蓋房子的過程，初經來後一、二年，身高成長會明顯變慢，如果生長板閉合，表示這棟房子已經蓋好了，這時候身高已經定型了。但是，很多家長都誤會當身體的房子蓋到最高點時，才是男孩子、女孩子「準備要長高」的時候，這是陳舊錯誤的觀念。事實上，女孩子開始來月經，還有男生變聲，生長就已經開始減緩且逐漸趨於停滯，身高也是。

　　在女孩子月經之前，男孩子變聲之前，都還有機會長高，在這些性徵出現之後，再來看醫生，其實都為時已晚。

　　因此，家長應透過定期觀察小孩成長狀況，記錄每年的成長速度，才能夠及早發現問題，及早控制。

找出原因 讓孩子避免性早熟的問題

　　孩子為何會發生性早熟現象？有些是源於父母先天的遺傳，雙親都帶有可能導致性早熟的因子，或是有潛在的病理因素，是由另一個疾病為主因而引起的早熟，這類性早熟通常需要積極處理，待疾病解除或獲控制後，性早熟通常會隨之緩解。

但若非先天遺傳或潛在疾病因素，飲食便是導致性早熟的重要原因之一；父母應注意儘量讓孩子吃天然食物，少吃精緻食物、加工食品，並且務必少碰油炸類、精緻甜食和速食餐飲。有些孩子口味偏重、嗜食甜食，就會抑制生長激素；尤其當甜食進到體內，就會開始分泌胰島素，而胰島素剛好是跟生長激素競爭的荷爾蒙，所以父母要好好為孩子的飲食把關，教導孩子建立正確的飲食觀念。（本書後面會有專門章節闡述）

家長還應該預防孩子肥胖，千萬別認為孩子正值成長發育期，能吃就是福，就放縱飲食；要知道，體重過重的孩子容易有性早熟的表現，因為脂肪細胞會影響性荷爾蒙，進而影響發育。

家長應該提供孩子天然、健康的飲食，督促養成良好的作息與運動，減少性早熟的因素累積影響最終身高。

此外，家長還要特別注意，千萬別太早食用補品，像是坊間的雪蛤、鹿茸、蜂王乳、鹿胎盤，這類會啟動性荷爾蒙的食物，都可能干擾孩子的內分泌系統，造成性早熟，導致生長板提早閉合。曾有家長帶一位小女孩前來求診，因為家

人讓她服用昂貴的補品來幫她補身，結果反而使得小女孩出現性早熟的現象，6 歲就 C 罩杯，身高還比同齡孩子嬌小。

　　生活中如果太常接觸環境荷爾蒙，如：塑化劑、介面活性劑、油漆或亮光漆等，也會催化孩子性早熟，所以要盡量避免接觸環境荷爾蒙。一般孩童最容易接觸到的塑化劑，多半來自飲食，像是以塑膠碗、塑膠袋盛裝熱食，或使用塑膠杯裝飲料。研究指出，坊間手搖飲杯口的熱封膜都可能有塑化劑溶出，所以，最好可改用不鏽鋼或玻璃容器來裝盛食物。另外，國內外研究也發現，喜好使用香水、化妝品、指甲油、精油等的家庭，孩子發生性早熟的比例明顯上升。

生長遲緩 照顧基因先天缺陷的孩子

　　有些孩子從小就罹患病理性的生長遲緩，像是小胖威利症，或是透納氏症，這些則是因為基因或染色體異常造成的。

　　普瑞德威利症候群（Prader-Willi Syndrome, PWS），俗稱小胖威利症，新生兒時就會出現肌肉無力、進食不良及發育遲緩的症狀。但是到了 2~4 歲，反而會不斷地有飢餓感，

食慾大開，對食物有不可抗拒的強迫行為，吃進去的比消耗的多，造成體重直直上升。

小胖威利症的治療方式主要以飲食控制為主，在嬰兒進食困難時期可用鼻胃管來提供足夠營養，而及時進行早期療育及復健工作，對於病患而言是相當重要的，可以幫助病患訓練肌肉張力，學習坐、爬及走路等基礎動作。而到了幼年時期，必須開始進行熱量攝取的限制與體重控制，並預防因肥胖所造成的糖尿病、高血脂、高血壓、脊椎側彎等症狀。生長激素在小胖威利的病人成長期，可以適時提供對肌肉張力的改善及新陳代謝的調整，非常重要。

另外一種疾病，透納氏症（Turner Syndrome），是一種染色體異常的遺傳性疾病，好發在女性身上，在這些患者的基因裡少了一個 X 染色體（如圖 1-3），卵巢功能以數倍於常人的速度衰退，這種變化自胎兒時期一直延續到出生後；很多病患尚未到青春期，卵巢功能就已經衰竭。因此患者到了青春期，大部分並沒有性徵的發育，若不治療終其一生有發育、生長及欠缺荷爾蒙的問題。

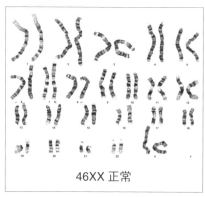 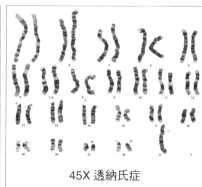

46XX 正常　　　45X 透納氏症

圖 1-3　染色體圖對照

　　透納氏症在出生的時候會有些症狀，像是水腫或是蹼狀頸，但如果症狀不明顯，在幼年時期只會令父母覺得女孩比較矮小，直到青春期時發現沒有性徵發育，才被檢測出來。透納氏症病患一般在兒童期，就可以接受生長激素治療來增加身高（健保目前規定6歲以上開始給付）；當年齡達青春期，還可以考慮開始補充女性荷爾蒙。雙管齊下，改善身高及第二性徵的擾人問題。

家長指引 成為孩子生命最好的導師

　　身材矮小如果被家長輕忽的話，往往錯過治療時期。有些疾病因為家長並非醫療專業，因此也不明白那是病症。學校每

年都會做基本的健康檢查，身高也是其中一環，父母應該注意孩童的健檢成果，如果發現孩子今年與去年的成長高度相較出現減緩或身高小於第 3 百分位，建議帶到醫院尋求專業醫師的協助，藉由小兒內分泌新陳代謝醫師的判斷，一起守護孩子的健康；儘早發現，就可以儘早治療，不會錯過黃金治療期。

有些孩子剛出生的時候，體重不足 2500 公克，在經過專業醫師的診斷後，若是認為提供生長激素有助於他的發育，也建議早發現早治療（目前歐美 4 歲即可治療），讓孩子趕上該有的生長狀態。

孩童的成長有個曲線圖，家長可以多加注意他的成長有沒有落在每個時期該有的範圍？縱有誤差，也要在允許的範圍。多點警覺心，能夠讓孩童不至於成長差距太大。

在非病理的情況下，家長和孩子還是有很多可以共同為成長做的事情。例如：最基本的健康飲食，良好的飲食習慣跟成長有很大的關係，健康餐盤，適量、均衡、多樣化的攝取營養，是孩子健康成長的最佳助力。

家長要從小建立孩子正確的飲食觀念，以及養成健康的生活習慣。如果一個人缺乏健康飲食和良好習慣，自小就體

型肥胖，引發性早熟，除了兒童時期影響身高、發育；長大以後，身體開始有代謝症候群，三高（高血壓、高血脂、高血糖）相繼出現。等到孩子結婚、生子，自己也當了父母，開始孕育下一代，錯誤的模式將套用到下一代，下一代亦發生同樣狀況，造成惡性循環。

所以，對於成長的觀念，其實要全面性的建構，不只孩子要努力，家長也要擔任指引的角色，成為孩子生命中最好的導師。

善用暑假 讓孩子多多參與戶外活動

學齡中的孩子在學期暫告段落之後，都會有寒、暑假，長假就是讓孩子能夠多休息、長身高的寶貴時期；尤其是暑假，更是成長的黃金期，家長若能善用，孩子不僅能夠長高，更能打下強健的體魄基礎。

現代孩子因為資訊發達、3C 產品盛行，很容易宅在家裡，缺乏戶外活動，多吃少動的結果，導致普遍肥胖，從小學、國中到高中，處處都看得到小胖子；肥胖問題需要家長重視，

如果孩子長期靜態活動多、運動少，除了肥胖，更易衍生許多「現代兒童文明病」。

暑假是一段能夠讓孩子可以多多運動，又能早早休息的時間，家長一定要鼓勵孩子在這段時期正常作息，並且常到戶外跑跑步、打打球、做運動，接受陽光的洗禮，散發年輕的活力。

常到戶外運動、曬曬太陽，還有一個極大的好處，就是可以補充維生素 D。維生素 D 又稱為陽光營養素，主要因皮膚接觸特定波長且足夠時間的陽光就能觸發維生素 D 合成。除了曬對太陽，吃對食物也可以補好補滿維生素 D，如魚類、乳品、菇蕈類，衛福部國健署有淺顯易懂的圖表，可供父母參考。

維生素 D 是國人攝取狀況最差的營養素，特別是台灣人怕日曬，外出大多會擦防曬乳、撐傘或加穿防曬衣，使得肌膚能接受到陽光的機會大為減低，維生素 D 合成量就會受限。

約有 70% 的小孩是缺乏維他命 D 的。所以，年輕的孩子不要整天宅在家，走出戶外，擁抱大自然，絕對好處多多！父母和孩子可以利用暑期長假，規劃一趟親子之旅；年輕，就是不要虛度光陰，青春不要留白！

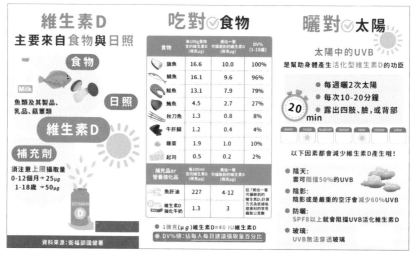

※ 資料來源：https://starthealthy.nestle.com.tw/nni/Edm/0029/line.html

 ## 釐清謬論 別讓錯誤觀念耽擱了成長

孩子到了青少年時期，有不少長輩認為這是「轉大人」的最佳時刻，便積極尋找坊間的轉骨偏方，結果反而促進性徵發育，過度早熟，損失增高的機會。

在教養孩子時，有些家長經常會遇到新、舊觀念的衝突，不免為難，但長輩的好意與執拗，卻使得他們不得不順服，愛孩子，最後卻是害了孩子。

　　由於時代背景和大環境的不同，有許多觀念已不符現代需求，有些朗朗上口的俗諺，早已不合時宜，需要進一步釐清錯誤的觀念。像長輩會認為，女孩子到懷孕的時候，身高都還在成長；而男生到了當兵，也都還在持續長高。但事實真的是這樣嗎？昔日農業社會，女孩子在十幾歲時就結婚的比例頗高，許多男孩子也到 16 歲就去當兵，這樣的觀念的確符合當時的狀況，但現代人晚婚居多，也因學業或其他因素而晚當兵，所以怎麼還能認定女孩懷孕、男孩當兵時，還在持續增高呢？

　　再以養胎觀念來說，有的觀念表示孩子在媽媽的肚子裡，縱使太小也沒關係，等到孩子出生後再好好養就行；殊不知，胎兒還在母體時，如果環境不好，他也會改變自己的生長型態，如果這段時間沒有充足的營養和能量，胎兒就會轉而自動保護重要的器官，如：腦部和心臟，讓自己可以生存下來，相對地犧牲身高的發育，因為在營養缺乏時，維生才是王道，身高一點也不重要。生命會為自己找到出路，但不會管那是寬路？還是窄路？

　　因此，不一樣的時代背景，有些觀念也要跟著進步，切莫拿舊時代的觀念來框架自己，平白耽擱了孩子重要的成長。

精準醫療 找出原因促進全方位成長

面對孩子的成長，家長重視的應該是全方位的發育，而不僅僅單純關注身高。

兒童成長是精準醫療，它是由個人的基因、體質，還有所處的生長環境共同形成的過程。每個人都是獨一無二的自己，不用過度與他人做比較，而應在醫學標準下，走出自己的成長之路。

現代父母的責任，就是要好好照顧孩子，若是無法親自育兒，那麼，也要多一點和孩子相處的時間；如果孩子出生後，立即丟給長輩撫育，自然延續長輩的風格和觀念；如果父母忙碌，都讓孩子外食，沒有留心孩子都吃了些什麼？也就讓孩子的成長陷入危機。如果家長都能為孩童架構良好的成長條件，便可讓他在適當發育階段，快樂生長至目標身高。

孩子長得高大、長得健壯，固然令人安心，但如果孩子的成長並非家長所期待的模樣，甚至出現成長遲緩的狀況，家長也要懂得靜心，抱持愛心和關懷，而非以言行刺激孩子的心靈，最重要的是，儘快尋求專業兒科醫師的協助，看看現象的背後有什麼慢性問題，或是內分泌疾病？

　　再怎麼厲害的醫師，都無法對所有孩童的問題套用同一個公式。因此，父母平日的細心觀察是非常重要的，當你察覺孩子成長速度不對勁，千萬不要被過時的觀念或是自我安慰的想法耽誤到孩子的成長，一覺得有疑問，就應該去請教專業醫生。畢竟，有些生理上的疾病或狀況，還是交由有經驗的兒科醫生去判斷，遠比自我猜測來得好。

　　我有位小患者的父親從小就缺乏生長激素，加上又被隔代教養，對於身體的健康認識不足，延誤了生長黃金期。等到長大之後，自己有了孩子，發現孩子很像小時候的自己，就趕緊帶過來診察，早期治療，讓悲劇不再重演，孩子也因此達到理想的身高，變得樂觀開朗。

　　影響成長的因素眾多，除了現代生活環境造成的原因以外，也透過追本溯源，詳查家族狀況，去追蹤遺傳基因找到問題的源頭，才能給予孩子最適切的治療，突破遺傳的極限。

　　在現今醫療資源充足且進步的時代，我們可以根據個人的體質、家庭環境背景以及遺傳因素，幫孩童打造一個好的起跑點。從懷孕前開始儲備良好的身心狀態，就等於在受精的那一刻，送給孩子優質的健康「金湯匙」。

最後，要提醒家長，並不是說孩子長得高才能優人一等，就算生長不如別人高大，一樣也可以創造、享受生命的美好；每個人只要對自己有正確的了解，擁有健康的身心，依舊可以體驗陽光燦爛的人生旅程。

生長 Q&A

Q1 影響兒童成長的因素主要有哪些？最關鍵的因素是什麼？

A1 先天遺傳的基因、孕期階段的營養都有可能影響兒童的成長條件，出生後，生長激素是否足夠，或後天的營養吸收、過敏疾病、睡眠品質、運動習慣、周遭環境、心理壓力……等，都可能是影響兒童成長發育的因素。

幫助兒童成長最關鍵的因素則是家長和醫師齊心協力，細心觀察、抽絲剝繭找出真正原因，方能對症下藥。

Q2 遺傳因素與兒童成長的關係？

A2 「龍生龍，鳳生鳳」，遺傳除了影響外在容貌、身形，同樣的影響內分泌體質，包括吸收、新陳代謝、青春期

開始的時間（如女孩子初經時間與媽媽、外婆初經時間
均有關連；男孩變聲、長喉結、發育時間也與家族遺傳
有相似性），透過追本溯源，瞭解家族狀況及遺傳體質，
才能給予孩子最適切的協助。

Q3 隔代教養觀念對孩子身高的影響？

A3 有些隔代教養觀念過時，對於孩子成長發育的健康認知
不足，延誤了生長黃金期，導致孩子一輩子身高的遺憾。
（如：『女生大到大肚，男生長到做兵』的俗諺，並不
適合現代社會，目前台灣結婚年齡女生 30 歲、男生 32
歲，平均懷孕年紀已高達 32 歲，若認為懷孕時身高還能
再長高，誠屬不合時宜。）

Q4 現代社會環境對胎內與出生後孩子的身高發育有什麼
影響？

A4 在醫療資源充足且進步的情況，我們可以根據個人的體
質、家庭環境背景，以及遺傳，幫孩童打造一個好的起
跑點。懷孕時期正確養胎，就是給孩子立下良好的健康
基礎。

現代社會高糖高油飲食，三高孕婦會擾亂孕程中的胎兒發育，導致出生時胎兒過重或過輕甚至早產，種下日後矮小的原因，不可不防。

Q5 父母平常可以透過什麼線索觀察孩子的成長？

A5 家長應透過定期觀察小孩成長狀況，記錄每年的成長速度，才能夠及早發現問題，也可以利用衛福部的台灣兒童生長曲線表（本書有附），作為對照，會更加清楚。

Q6 食補偏方對孩子成長有幫助嗎？

A6 家長要特別注意，千萬別太早食用補品，像是雪蛤、鹿茸、蜂王乳、胎盤這類促進性荷爾蒙的補品，都可能干擾孩子的內分泌系統，造成性早熟，導致生長板提早閉合。（例如曾有阿公疼孫，買鹿胎盤給孩子進補，結果小女孩 6 歲就長胸部，嚴重早熟，影響身高）

Q7 父母如何幫助孩子把握暑假黃金期，增加身高？

A7 暑假是一段能夠讓孩子可以多多運動，又能早早休息的時間，家長一定要鼓勵孩子在這段時期正常作息，並且

常到戶外跑跑步、打打球、做運動，曬曬太陽，補充維生素 D，鍛鍊強健的體魄。

生長激素分泌每日最明顯的時段有二：白天運動時，夜間睡眠中。因此，利用暑假時間規劃白天的運動及養成早睡的好習慣，一舉兩得。

Q8 什麼是骨齡？骨齡與兒童成長有什麼關係？

A8 骨骼年齡（Skeletal age or bone age，簡稱骨齡），是反應骨骼成熟度的人工評估年齡。當 骨齡符合實際生理年齡時即為正常發育，當骨齡與生理年齡差異較大時，則可判定為早熟或者晚熟，需進一步分析造成異常的原因。目前全世界通用骨齡判讀以「左手手掌包括手腕部」X 光片為標準。

Q9 孩子只要身高不如預期，都可以使用生長激素，幫助增加身高嗎？生長激素對身材矮小的孩童都有幫助嗎？

A9 並非所有孩子的成長不足，都是源於生長激素的缺乏，家長勿以為注射生長激素就可以百分之百擺脫困擾；事

實上，任何不如預期正常的現象和問題，最重要的還是找出背後真正的原因。矮小其實攸關諸多因素，遺傳、過敏、壓力大、睡不好……等等都有可能，並非生長激素就是萬靈丹。

Q10 生長激素會不會跟糖尿病有關？

A10 大規模的研究報告指出，生長激素治療並不會增加成人糖尿病的發生率。但在生長激素治療中，生長激素與胰島素阻抗有關，偶有短暫性的血中糖分增加，但不會因此造成糖尿病。

Q11 性早熟對發育成長中的孩子有什麼影響？

A11 所謂「小時候高不一定成人是高」性早熟是指在女生 8 歲之前、男生 9 歲之前，就開始出現第二性徵，促使發育成長中的孩子骨齡超前、生長板提早閉合，導致身高定型的時間提前，身高成長因此受限，意即最終成人身高矮小，甚至比原本遺傳身高矮了 10 ～ 25 公分，非常可惜。

現今醫療發達,如何運用科技與醫學幫助孩子長高?

經由專業兒科醫師詳細的問診、遺傳諮詢、測量骨齡、檢驗生長激素、類胰島素成長因子、性荷爾蒙、維生素D及微量元素、染色體或基因等,以現代科技和醫學找原因,所謂「早期發現,早期治療」,就能有很好的效果。幫助孩子快樂成長,絕對不是夢。

調理

中醫改善孩子免疫力　健運脾胃營養好吸收
睡眠飲食運動都重要　中藥針灸藥膳調體質

中國醫藥大學中醫學院院長
台灣中醫兒童暨青少年科醫
學會創會理事長

顏宏融

　　世界衛生組織為健康下的定義：「健康是生理、心理及社會適應三個方面全部良好的一種狀況，而不僅僅是沒有生病或者體質健壯。」沒有生病不代表 100% 健康，許多人生理活動正常、能吃、能喝、能睡，卻仍屬於「亞健康」狀態，達不到真正的健康。

中西診療 各有優缺點應該共同決定

　　成長中的孩童在照料的情況下，除了生理活動機能正常，父母更著重健康的品質。學齡中的孩童在飲食無虞，也有家庭守護、照料的狀況下，其實還是面臨健康的問題。

　　身體有狀況就會找醫師診治，中醫跟西醫都可以照料民眾、治療疾病，然而並不是所有的疾病都「急性看西醫、慢性看中醫」，而是會根據不同的疾病，探究中西醫擅長的療法，孩童成長亦然。我也常將中、西醫診療的箇中優、缺點，分析給家長聽，讓家長、兒童和我一起來做討論後再決定治療的策略與用藥。

　　明末清初時，一些到中國的傳教士在傳教的同時，也連帶將西醫帶來東方，許多國人都有選擇中、西醫的疑問：

在身體病痛時，如何去尋求醫療，中醫較溫和、平穩嗎？西醫會不會比較快速治癒，卻有難以避免、遺憾終身的副作用？何時採用中醫治療最佳？在什麼樣的情況下西醫較具效果？……簡言之，中醫講求的是「大同小異」中的「大同」，重視全方位的身體調理，同時也講究區分同一個疾病的不同證型表現，進行「辨證論治」後給予個人化醫療；而西醫則是在追求「小異」，在疾病診斷下，給予標準的治療，卻也能夠透過生化、病理、基因等檢查精細地區分存在於個體之間所具有的差異。

我曾經做過一個全國性的調查分析發表在 2014 年的《輔助醫學療法》（Complementary Therapies in Medicine）國際期刊，18 歲以下的兒童與青少年有 22% 就診中醫，也就是每五個兒童與青少年就有一位就診中醫，尋求中醫門診治療的比例高於尋求西醫門診治療的疾病包括四大類：食慾不振、過敏性鼻炎、女孩子初經或是月經失調，以及肌肉關節系統的疾病。

這類問題說大不大，不至於馬上危及性命，但又跟健康息息相關，如果不處理的話，長期下來也會影響健康，家長多尋求中醫來解決問題、調理身體。

保護城牆 育兒之路多方提升免疫力

中醫有「治未病」一說，意思就是，與其有病去找醫生，不如在還沒有生病的時候就先防患，也就是「預防勝於治療」的觀念。在育兒之路上，想要達到這一點，就要注意孩童的免疫系統。

在《黃帝內經》中，提及「正氣存內，邪不可干」，因此中醫師在調理時經常遵守「扶正祛邪」的觀念，就是指人體的正氣如果足夠，外面來的邪氣就不容易侵犯到身體，換言之，就是提升免疫力。免疫系統是身體的防衛機制，可以幫助我們抵擋外來病源，不會輕易罹患疾病。

免疫力就像一座城牆，牆外的敵人就不易進到體內，城牆如果過於脆弱，一旦敵人來襲，就會失去保護的作用，所以《黃帝內經》也說「邪之所湊，其氣必虛」。提升免疫力的方法很多，飲食、運動與睡眠都與免疫力的提升息息相關，包括孩子成長階段，在體質蛻變的過程，也需要把免疫力建立好，例如有過敏性鼻炎或氣喘的體質，在「轉大人」的過程中，也可以調理讓身體健康強壯。

　　沒有人一生都可以躲過病毒與細菌的侵襲，在育兒路上，重要的是，家長如何幫孩子建好防禦疾病的城牆，讓孩子體魄強健，不怕病菌侵襲。

　　不過也要提醒家長，雖然孩子免疫力不足，抵抗力弱，小病菌一來就生病，但若是免疫力太過強大，就容易敵我不分，反過來攻擊自身的細胞。所以，免疫力不是愈強大愈好，重視平衡，如同《黃帝內經》所說：「陰平陽秘，精神乃治」，過與不及都不好，均衡的人體免疫力才是最適當的。

健運脾胃 孩子吃得下才能攝取營養

　　良好的免疫力，首先跟營養有關，有充足且均衡的營養，才是增強免疫力的第一步。既然提升免疫力需要攝取營養，所以孩子要吃得下食物，如果總是吃不下，營養攝取不夠，身體自然變得孱弱，因此，孩子的腸胃消化吸收的功能不可忽略。

　　中醫講脾胃，西醫講消化，這些都跟飲食有關，能夠進食，表示身體健康，例如一個生病的人如果能夠有胃口，想

要進食，多半也代表他的腸胃機能開始好轉，趨向較佳的狀態，將會慢慢康復。

孩子如果脾胃虛弱通常表現食慾不振胃口差，在沒有罹患其他疾病的情況下，家長通常會想方設法尋找一些開胃的方法四處求醫，多會尋求中醫的幫助。一般來說，用「四神湯」能夠讓孩童開脾健胃，這是一道能夠簡單調理脾胃，又能夠去濕氣的中藥，脾胃消化不好、腸胃蠕動較慢，或是痰濕較多的症狀，都可以食用。

四神湯裡的食材，如：山藥、蓮子、薏仁、芡實、茯苓，有助於調整脾胃，這屬於食療，也是藥療，不過，中醫將外來的病原分為六種外邪：風、寒、暑、濕、燥、火，加上體質可能有氣虛、血虛、痰濕、痰熱等不同體質，所以還是要針對體質選用，方能對症下藥。像山藥固然對脾胃的功能有所幫忙，對於一般生長板尚未密合、比較瘦弱的孩子就很適合，但性早熟的孩子則不適合吃太多山藥，適量為佳。

也可以用「狗尾草」燉排骨湯或雞湯，狗尾草在台灣南投或台中都有栽種，取用根部燉湯，有開脾健胃的作用，也是一個簡單便宜的藥膳。

家長如果想利用中藥，在食補上，幫助小孩吃得下，就以調理脾胃、幫忙消化吸收為主；等到孩子進入青春期，有性徵出現，開始「轉大人」的時候，再請中醫師開點補氣、養血、壯筋骨等中藥食補。

中醫轉骨 正確的食補幫助健康成長

當家長想用中藥幫預備「轉大人」的孩子，補充成長所需要的營養，請先確定孩子是不是已經進入青春期，出現第二性徵？當第二性徵和身高都已有明顯發育，才可以藉著食補藥膳來補腎、壯筋骨。

因為如果食補過度，會加速骨骼的生長板閉合，一旦生長板閉合太快，就不會再長高，想要替孩子補身也要抓準正確的時機。

十幾歲的青少年，正是男孩變成男人、女孩變成女人的關鍵時期，孩子已經褪去稚嫩的外貌邁向青春期，在這時候，青少年不只心理有所轉換，連身體也是，第二性徵開始顯現，也不乏有些女孩在國小四、五年級的時候，就已經開始有了

初經，但大多數的女孩，還是在國小六年級或甚至國中一年級左右才來初經。

孩子這樣轉變的過程，長得太快或是太慢都是困擾。性徵過早出現的性早熟或早發育現象，不只是單純的身高問題，對於孩童日後的生理、心理健康也有負面影響。以西醫的角度來看，要先找出病因，性早熟可以施打抑制荷爾蒙的藥物，中醫的角度來看，透過滋陰降火的中藥也能夠緩解生長板的密合。

我們也在過去透過中醫兒科與西醫兒童內分泌新陳代謝科的中西醫合作發現一些實證。在一項回溯追蹤 10 年的早發育兒童研究發現，接受抑制荷爾蒙針劑注射的早發育兒童，能夠減少骨骼生長板的密合速度，並改善最終成人身高，這項研究由林怡君醫師為第一作者發表在 2017 年的《公共科學圖書館：綜合》(PLOS ONE) 國際期刊。而中藥知柏地黃丸與炒麥芽為主的配方對於性早熟兒童的骨齡生長板的密合速度雖然不如西藥抑制荷爾蒙針劑注射那麼強，也能夠減少其密合速度，並且增加最終身高，這項研究也由余兆蕙醫師發表在 2014 年的《輔助醫學療法》（Complementary Therapies in Medicine）國際期刊。

2017 年我們發表在《國際民族藥理學雜誌》（Journal of Ethnopharmacology）國際期刊的台灣健保資料庫分析發現，雖然有些孩童被診斷後會接受中醫或西醫治療，仍有許多性早熟的孩童未接受中醫或西醫治療，未來仍須讓家長多瞭解性早熟或早發育可能對兒童的身心影響。

在進入青春期的這個階段，女孩如果有了初經，家長通常直接帶去看婦產科的不多，反倒是來中醫門診求助的不少，透過中醫的調理，也可以針對月經失調或痛經等一起調理，這部分中醫可以提供協助。男孩在這個階段經常因為體育活動或運動量多而增加受傷的機會，像是扭傷、骨傷等運動傷害，中醫就會提供針灸、推拿這方面的治療，讓孩子順利復原，同時也能夠避免因為運動傷害的舊創（中醫稱為「氣滯血瘀」）影響生長。

透過中西醫合作，是對兒童生長發育最好的治療模式。中國醫藥大學附設醫院中醫兒科與西醫兒童內分泌新陳代謝科合作，以「兒童生長發育，中西醫聯手把關」獲得「國家品質標章」（Symbol of National Quality; SNQ）認證，是全國第一個獲得 SNQ 的中醫兒科特色醫療，並且開發「中醫兒

童骨齡 AI 智能決策輔助系統」，協助中醫師臨床門診處方用藥與判斷兒童生長趨勢，更能夠提升醫療品質。

睡眠充足 重視睡眠以分泌生長激素

生長激素（GH）可以促進人體的發育以及細胞的增殖，在睡眠時尤其重要。當一個人躺下入睡，會由淺睡進入到深睡，再從深睡進入到淺睡的過程，這樣的過程是一個循環。循環愈多人體所能得到的休息愈多，能夠分泌的生長激素也愈多。

生長激素能夠讓白天身體上的疲倦得到緩解、恢復元氣，想要長得高、長得好，睡眠的確是相當重要的因素。畢竟，生長激素在我們睡著的時候最容易分泌出來，一旦我們睡覺時，便會隨著睡眠週期進入熟睡的階段而大量分泌出來。

所以，想要孩子擁有良好的體質，除了提升免疫力，充足的睡眠就很重要了，然而，即使明知睡眠如此重要，但普遍而言，台灣的孩子睡眠的時間幾乎都是不夠的。

來看看一個人需要的睡眠時間，當新生兒剛出生時，一天可能有 20 個小時都在睡覺，隨著年紀愈來愈大，睡眠時間

也逐漸減少，到了青春期仍應有 8 個小時的睡眠才會充足。但通常孩子從國小高年級開始，再到國中、高中，普遍因為升學的壓力而睡眠時間不足。

姑且不論因為 3C 產品滑手機或是功課忙碌而熬夜晚睡的狀況，孩子白天要上課、晚上要補習，如果晚上拖到到 11、12 點才入睡，甚至更晚，長期睡眠不足。站在有益孩子成長的立場，我在門診通常建議國小以下的孩子，10 點以前要入睡，早上約 6、7 點起床，這樣至少有 8 ～ 9 個小時的睡眠時間。國中階段，則建議最好養成 11 點前入睡的習慣。

過敏現象 預防接連發展過敏三部曲

除了睡眠，運動對於生長激素的分泌也有幫助，運動時，血糖相對會比較偏低，這時身體發現不對勁，知道自己有所需求，就會分泌一些生長激素，生長激素能夠將偏低的血糖稍微拉起來，也能夠幫助身體的修復。

以中醫的角度來看，晚上睡不好的話，身體會出現陰虛的症狀，會容易發炎睡不好的人不只生長激素分泌不夠多，

發炎性的疾病就會愈來愈多，不管是過敏性的發炎、自體免疫的發炎，這些都是慢性的疲勞發炎，總括來說就是身體發炎的問題，而常見的過敏也是身體發炎的一種。

兒童期過敏是常見的疾病，占了中醫兒科門診就診極高的比例，但過敏不會從青少年開始，通常幼兒時期就有過敏現象。依統計來看，0～2歲的幼兒，最常出現的過敏疾病是異位性皮膚炎，隨著年紀增加，過敏性鼻炎甚至從幼稚園、國小到國中、高中都容易出現。有些孩童除了鼻子過敏，甚至會發生氣喘的狀況，這就是所謂的「過敏三部曲」。

嬰幼兒階段最常見的過敏，就是異位性皮膚炎，有些孩子剛出生的時候，可能剛開始有點脂漏性皮膚炎，它會有一層厚厚的皮膚，不只易脫屑，皮膚也會比較紅。脂漏性皮膚炎恢復後，可能會覺得在手、腳比較內側的部位，像是手肘窩或是膝窩會有一些疹子跑出來，而且還是對稱的，也就是異位性皮膚炎。

因為異位性皮膚而來求診，西醫的治療方式一般以外用的類固醇，或是口服抗組織胺為主。年紀比較小的嬰兒，通

常我在門診會開立中藥藥浴或是外用塗抹的中藥藥膏，如果真的需要，也會開立口服中藥調理。

鼻子過敏 及早治療以免發展成氣喘

除了異位性皮膚炎，有許多孩童會出現過敏性鼻炎的症狀，特別是台灣屬於海島型氣候，因此，兒童鼻過敏的盛行率非常高。鼻子是呼吸道的一部分，上呼吸道如果缺乏照顧，沒有好好治療，下呼吸道也容易出現過敏現象，這也是為什麼有些鼻過敏的兒童也會出現氣喘的症狀。所以，「過敏三部曲」在進行的時候，中間如果有任何可以處理、截斷的機會，就比較不會演進到下一個階段。

根據我跟黃子坪醫師一起發表在國際期刊《過敏學》（Allergy）與《國際兒童耳鼻喉科雜誌》（International Journal of Pediatric Otorhinolaryngology）的統計顯示，台灣地區 18 歲以下的小朋友，因為氣喘或是過敏性鼻炎來看中醫的比例高達六成左右。鼻子過敏一來，就會開始鼻塞、流鼻水、打噴嚏，氣喘一發作也會喘鳴、咳嗽、呼吸困難。這些過敏

發作時的症狀也會影響到睡眠，睡不好的話，自然會干擾到健康與學習，擴大影響到生活品質。

過敏也不是持續而不間斷，天氣好的時候，或是周遭的環境條件如果穩定的話，還不至於發作，但只要天氣變化、變冷、季節轉換或是環境有所變化就容易過敏。平常可能只是容易鼻塞或是黑眼圈，這是因為鼻子過敏鼻塞的小朋友，眼睛周邊的循環比較差，以至於有黑眼圈。孩子如果有黑眼圈，大概90%以上的機率是有鼻子過敏的。調理好過敏體質，才不至於容易發作。

因為過敏而來到中醫看門診的孩童，我們會從幾個方向予以協助，但還是會先判斷個人體質。即便是過敏，在中醫理論上來說，仍是有所區別的。

內用調理 先判斷孩子體質再行食療

以異位性皮膚炎來說，在體質的辨證來看，偏熱的機會比較多，依照不同季節與身體的濕氣的多寡也會有血熱或濕熱的區別。血熱多的時候，皮膚比較乾、癢，容易脫屑；濕

熱多的時候，皮膚紅腫滲出物多一些，基本上因為發炎的關係，皮膚偏熱不容易流汗，孩子會想去抓，稍有不慎，就會抓到受傷出血，甚至滲出分泌物。

常見的過敏性鼻炎，以偏寒、偏濕為多，這些過敏體質的人，通常一到天冷或季節轉換，就很容易打噴嚏或流鼻水，流出來的鼻水溼溼水水，呼吸系統較弱，氣喘的人也是偏寒性較多。過敏性鼻炎的人，也有一部分會轉化為濕熱，這類的人他的鼻涕就會比較容易黏稠，比較黃、綠，甚至還會鼻涕倒流，造成清喉嚨咳嗽的症狀。

中醫會根據不同的過敏，而有不同的治療，大概可分內服和外治。體質如果比較偏寒，就會開一些比較偏溫熱的藥物，如：黃耆、西洋參、黨參等；如果比較偏熱，就會開一些較為涼性的藥物，如：金銀花、牡丹皮、生地黃等。

食療即是據此原理，「熱者寒之，寒者熱之」。偏寒性的體質飲食就要偏溫熱一點，或是在吃較偏寒的食材（例如：大白菜、白蘿蔔）時就可以加點薑。而瓜果類的食材較寒，寒性體質者應當少食。相反地，如果體質偏熱，可以使用一些涼性的食物，反而飲食就不宜偏熱，油炸、油膩、調味料

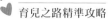

比較多的食物更要少吃。有很多的食物是平性，可以多加選擇，如：菠菜、玉米、南瓜、豆苗、高麗菜、青江菜、四季豆……等，都是平性食物的好選擇。

除了看中醫治療過敏，患者生活作息與居家環境也要減少接觸會引起過敏的因子，像是戒除零食、加工食品、二手菸，而不當的飲食和作息，也是誘發過敏的主因，在飲食上，全面性的飲食管理更為重要。

外用調理 按壓穴位冬病夏治三伏貼

因為中醫講的是全方位的治療，不是光要患者打針吃藥，所以，除了內用的中藥、食療，還有外用的調理，像是藥浴、藥膏，還有穴位、推拿，許多中醫師常會教導穴位按摩，幫助患者緩解過敏，經常按壓鼻頭兩旁的迎香穴、手部虎口的合谷穴（如圖 2-1）、小腿外側的足三里穴（如圖 2-2）等，有助改善鼻子過敏的症狀。

而台灣屬於溼、熱的海島型氣候，過敏患者眾多，想要治療或預防過敏現象，傳統的「三伏貼」也成為一項選擇。

清朝名醫張璐的《張氏醫通》中提到：「冷哮灸肺俞、膏肓、天突，有應或不應，夏月三伏中，用白芥子塗法，往往獲效。」三伏貼就是根據這樣的理論發展而來的。

張璐發現用灸療的方式治療寒性氣端的病人，有些有效、有些沒效，後來，他就做了藥餅，在裡面放了一些屬於溫性、熱性的中藥如白芥子、甘遂、延胡索、細辛等，將它直接敷貼在穴位上，結果發現貼的人多有效果，於是他就把這樣的治療經驗記錄下來。

後世中醫師就利用他流傳下來的處方，同樣做成藥餅，然後貼在比較偏寒喘的患者身上。在天氣最熱的時候，也就是夏至後的三伏天時，進行三伏貼，在冬天冬至開始最冷的三九天，也可以進行冬季三九貼。

三伏貼所使用的是比較溫性的藥物，再透過穴位的傳導，讓經絡的氣能夠暖和一點，氣血溫通，原本比較偏寒的身體體質就會獲得改善。從這套原理延伸出來，比較虛寒的體質，像是鼻子過敏、氣喘的人就有幫助，不過對於異位性皮膚炎或是濕疹，這種在中醫上來講是屬於「熱」的體質，就不一定適合使用三伏貼。

古人智慧 選購停看聽調理才能安心

一般中醫診所在三伏天時節快到時，皆可看到門口掛出紅布條，提醒民眾貼三伏貼的時間到了。不過，三伏貼是以溫熱的藥餅貼在穴位，有助於寒性體質的調理。所以，想要貼三伏貼的話，最好還是先由醫師判斷個人體質是偏虛寒還是熱性？再來決定是否使用尤佳。至於像是正在發燒、發炎的患者，還有懷孕婦女都不適合，要特別注意一下。

除了過敏診療，學齡期的孩子常因課業壓力較大，導致身心症候群，亦或有的孩子患有妥瑞症，因為壓力使得症狀加重，這些都可以善用一些中藥或是針灸的方式來做治療。

之前曾傳聞中藥鉛中毒的事件，引起民眾關注，害怕中藥內含重金屬，食用恐傷害人體；事實上，台灣早已禁用含鉛丹或硃砂等中藥，超量的重金屬，可能是不肖業者額外添加，或是在原產地早就被污染，在源頭管控上就非常重要。國內對於中藥的重金屬皆有嚴格的控管，民眾無須過度擔憂，如果在選擇中藥時仍存有疑慮，那麼選擇 GMP 藥廠做的濃縮中藥或安心中藥藥材飲片，基本上都已經做好把關。

中醫是古人的智慧，是具有千年歷史的傳統醫學。除了預防疾病，對成長這回事，也有強健體質、提升免疫力等幫助，一般民眾如果在選擇日常保健的藥膳藥材，可以採用「停」、「看」、「聽」——「停」止不當看病、購藥及用藥行為；「看」病請找中醫師診治；「聽」專業醫師、藥師說明。在使用時，遵照醫囑，選購安全的中藥，切莫誤信偏方，必能不出問題，安心調理。

調理 Q&A

Q1 父母大多會因為什麼狀況帶孩子前來求診？因為睡眠問題求診的人多嗎？

A1 根據我發表在國際期刊《輔助醫學療法（Complementary Therapies in Medicine）》的研究分析，台灣中醫兒科的門診，最常見的就診原因是過敏性鼻炎、消化不良、骨骼肌肉關節系統疾病與月經失調。而這些就診原因又可以因為不同年紀（0-2 歲、3-5 歲、6-12 歲與 13-18 歲）而有所不同分佈。過敏性鼻炎在各個年紀族群都有。消

化不良特別是胃口食慾不佳多半發生在幼稚園階段的兒童，有很高的比例都會尋求中醫治療。

骨骼肌肉關節系統疾病特別是運動受傷、扭傷等，特別容易發生在國中與高中階段的青少年，家長也會帶到中醫尋求中醫骨傷推拿與針灸治療。而小女孩長大開始有初經來了以後，因為月經失調的問題，也會尋求中醫治療。睡眠當然也是一個重要的議題，大多數的孩子在進入國小高年級以後，往往因為課業的壓力，晚上拖到很晚才入睡，通常不是因為這個問題就診，而是睡眠不充足會造成身體的免疫力不足或體力不足。

Q2 在成長各階段的孩子需要的充足睡眠時間是多少？

A2 充足的睡眠非常重要，根據美國睡眠醫學學會（American Academy of Sleep Medicine）在 2016 年發表在《臨床睡眠醫學雜誌》（Journal of Clinical Sleep Medicine）的建議每天睡眠時間：4 個月到 12 個月嬰兒為 12-16 小時、1 到 2 歲幼兒為 11-14 小時、3-5 歲幼兒為 10-13 小時、6-12 歲為 9-12 小時、13-18 歲為 8-10 小時，才能夠有健康的身心。

Q3 孩子產生睡眠問題的原因通常有哪些？可以如何解決？

A3 睡眠時間與孩子的身心健康相關，有充足的睡眠可以改善注意力、行為、學習、記憶、情緒調節、生活品質，以及身心健康。睡眠時間經常少於建議的時間容易造成注意力不足、行為和學習問題。睡眠不足還會增加發生意外事故、受傷、高血壓、肥胖、糖尿病和憂鬱症的風險。當然，在兒童與青少年成長的階段，除了營養的補充與適量的運動，最重要的是充足的睡眠。

Q4 睡眠對孩子的健康成長有什麼影響？

A4 生長激素的分泌，直接影響到孩子的生長，而充足的睡眠是生長激素得以充足分泌的重要關鍵之一。

孩子的睡眠可以分成幾個階段：第一階段是剛入睡的短暫幾分鐘，身體與大腦的活動逐漸放鬆；第二個階段，身體進入更加柔和的狀態，包括體溫下降、肌肉放鬆，以及呼吸、心率減慢、眼球運動停止，在剛入睡的第一個睡眠週期，這個階段大約有 10 到 25 分鐘；第三個階段，是所謂的深度睡眠，這個時候大腦出現 delta 波或

是所謂的慢波，身體能夠得到充足的體力恢復，也會有充足的免疫力，而且這個階段的生長激素分泌最多，在剛入睡的睡眠週期中，可以持續 20 到 40 分鐘；接著，第四個階段是快速動眼期，大腦活動開始增加，接近清醒時的水平，雖然雙眼緊閉，但是可以看得見其快速移動，容易做夢。

一個晚上的睡眠在經過第一階段的入睡之後，會有好幾次這樣第二階段到第四階段的循環。因此，如果能夠有充足的睡眠，讓生長激素在晚上睡眠時能夠自然分泌，也就掌握住生長激素分泌的時機，讓孩子身高長得更高、免疫力更充足。

Q5 為什麼現代過敏兒眾多？過敏對睡眠有什麼影響？

A5 從中醫的天地人合一的理論來說，除了體質的遺傳因素，我們所居住的環境、氣候、空氣品質、飲食、生活作息與過敏原都跟過敏的盛行相關。台灣位居亞熱帶與熱帶交界，屬於海島型氣候，四面環海，相對地是一個潮溼的環境，北部偏寒溼、南部偏溼熱，再加上環境的

空氣品質、塵蟎過敏原也多，容易造成一些過敏免疫疾病，例如過敏性鼻炎、氣喘、異位性皮膚炎的盛行。

睡眠不足的時候體力沒有恢復，免疫力會不足，同樣地，過敏免疫疾病也會造成睡眠受到影響。例如過敏性鼻炎與氣喘的兒童，早晚容易打噴嚏、流鼻水、鼻塞或咳嗽，這些症狀造成睡眠品質不佳，比如鼻塞造成打呼、睡眠呼吸中止症狀，也會因為半夜或清晨的喘鳴咳嗽影響到睡眠的中斷。異位性皮膚炎的兒童則是因為晚上皮膚燥熱搔抓無法深層睡眠，因此在門診也常常會看許多到經常睡眠不足而睡眼惺忪或是容易疲倦的過敏兒。

Q6 過敏兒可以怎麼治療？父母可以怎麼使用中醫來處理過敏問題？

A6 過敏性疾病有許多治療的方式，在西醫的治療上，過敏性鼻炎會以抗組織胺為主，遇到局部症狀較多的時候，可以加上局部的鼻黏膜血管收縮劑、抗組織胺或是類固醇鼻噴劑。氣喘的治療分成急性期的氣管擴張劑與緩解期的抗發炎藥物，依照嚴重度會循序漸進使用，包括吸

入型或口服的的氣管擴張劑或類固醇、同時還有白三烯受體拮抗劑（如：欣流）等。異位性皮膚炎則是以口服或外用的抗組織胺與類固醇為主，遇到局部搔抓造成感染的時候加上抗生素治療。隨著醫學研發的進展，現在也有一些生物製劑透過免疫細胞激素的拮抗用注射針劑的方式控制過敏。

從中醫的角度來看，過敏性鼻炎、氣喘通常體質偏氣虛，異位性皮膚炎通常偏血熱，因此在治療方式上有所不同。呼吸道的過敏通常會用補益肺氣的中醫處方調補，許多研究也發現這些中藥的治療可以增強呼吸道黏膜的免疫力，減少第二型的過敏免疫反應。常用的中藥處方，包括：玉屏風散、辛夷散、小青龍湯、定喘湯、黃耆、西洋參、黨參、茯苓、白朮、紅棗等。而中醫治療異位性皮膚炎通常會開立清熱涼血的中藥，例如：消風散、牡丹皮、生地黃、白鮮皮、地膚子、馬齒莧、苦參根等。除了口服中藥的內治法，也有許多外用的外治法，如：中藥藥膏、中藥敷貼或是小兒推拿與雷射針灸等。

中醫建議在「三伏天」貼三伏貼，對孩子有甚麼幫助？

三伏天穴位敷貼（簡稱三伏貼）是一種中醫治療呼吸道過敏的方式。最早記載在清代張璐的《張氏醫通》，他發現在三伏天這個一年當中最熱的氣候時，使用中藥白芥子、延胡索、甘遂等製成藥餅治療「冷哮」的氣喘病患，改善哮喘的顯著，現在大家也普遍應用在過敏性鼻炎的治療。

「三伏天」是夏至以後在農民曆上的第三個庚日、第四個庚日與立秋後的第一個庚日，總稱為三伏。正當農民曆上「小暑」至「大暑」而「立秋」的節令，陽光日照時間長，也是一年中陽氣最旺盛的時候，人體陽氣也隨之呼應，腠理開泄，利於穴位敷貼藥物由皮膚進入大椎、風門、肺俞等穴位，通過溫經通絡的作用，達到外祛痰邪、內扶正氣的目的，以達到「冬病夏治」的效果，特別適用於過敏性鼻炎、氣喘與虛寒體質的病患。

然而，因為這種治療方式透過皮膚吸收，每個人的體質與皮膚情況不盡相同，通常一歲以下的嬰兒、正值感冒發燒期、濕疹或異位性皮膚炎的孩子，不建議敷貼。不

同年紀的孩子在敷貼的時候，也應該要經過專業中醫師評估敷貼的時間。

Q8 從中醫的觀點來說過敏兒在飲食方面應該注意些什麼？

A8 過敏兒除了避開常見的過敏食物，在食用常見容易過敏的食物，如帶殼海鮮、花生等時須特別留意，若不確定可以請醫師做過敏原檢測。中醫會將食物屬性分成寒、熱、溫、涼、平等不同屬性。大多數過敏性鼻炎與氣喘兒童屬於虛寒的體質，平常應少吃寒涼性的食物，如果真的要吃，可選擇在天氣熱或中午時服用，此時身體與環境的陽氣旺盛，寒涼屬性的食物影響較小；也可以在烹調的時候，酌加薑、蔥等溫熱屬性的食物，來中和食物的寒涼屬性。

常見的飲食性味屬性分類如下：

- **溫熱性**：辣椒、蒜頭、老薑、蔥、胡椒、芥末、麻油、沙茶醬、荔枝、龍眼、榴槤、肉桂、羊肉、牛肉等。
- **平性**：芭樂、蘋果、香蕉、水蜜桃、木瓜、櫻桃、桑椹、空心菜、菠菜、玉米、紅蘿蔔、高麗菜、青江菜、茼蒿、花椰菜、雞肉、魚肉、豬肉、紅豆、蜂蜜等。

● **寒涼性**：任何冰品、西瓜、香瓜、哈蜜瓜、水梨、葡萄柚、柚子、椰子、橘子、奇異果、檸檬、葡萄、白蘿蔔、番茄、茄子、小黃瓜、冬瓜、苦瓜、白菜、綠豆等。

Q9 請問什麼是「隱性過敏」？面臨隱性過敏問題，父母又該怎麼做？

A9 有些虛寒體質的過敏兒，到了夏天症狀減少，其實體質是虛寒為主，遇到氣候溫暖的時候，症狀減少了，可以視為仍有過敏體質，只是因為氣候回暖症狀改善，是一種「隱性過敏」，家長仍應在症狀改善的階段，減少孩子過敏原的暴露或是趁機會調養體質，適當使用益生菌或是中藥調理，減少天冷之後症狀的復發。

Q10 許多人喜歡服用中藥，但曾傳出使用不當或鉛中毒事件，父母在為孩子選擇中藥時該注意些什麼？

A10 兒童體質嬌嫩，用藥特別要小心，不論是中藥或西藥都一樣。目前健保給付的中藥都經過政府查驗合格的

GMP 藥廠製造，也都有農藥、重金屬等嚴格的檢驗標準，經過科學化的濃縮製程去除雜質與重金屬等，因此，民眾使用一般健保給付的中藥可以放心。至於藥材飲片的把關，目前政府也透過邊境查驗把關，但是中藥畢竟有許多跟農作物種植一樣，產地來源、種植方式與採收加工過程也有可能良莠不齊，建議民眾尋求合格的中醫診所或信譽良好的中藥房。

Q11 華人講求食補，可以給成長中孩子什麼樣的食補建議？

A11 現在的孩子飲食不擔心吃不飽，而是擔心吃得不均衡。有些幼兒因為胃口差或偏食，有些孩子因為課後補習、有些因為長期外食、有些因為經常喝含糖飲料，忽略了營養均衡的重要性，長期缺乏某些營養素。在成長中的孩子，建議要有充足的營養，包括：醣類、蛋白質、脂肪、維生素、礦物質，缺一不可。

中醫的角度可以調理脾胃，從消化系統著手。中醫理論認為脾胃消化系統為「氣血生化之源」，意思就是把消化系統調補好了，身體所需的各種氣血循環與營養生

化的來源也就充足了。常用的中藥食補，如：四神湯、狗尾草燉湯，都是適用在脾胃消化系統的食補。

「狗尾草燉湯」是很常用的一道食補料理。狗尾草在台灣民間鄉或是大肚山有許多農民種植，是很常用來「開脾」的民間草藥。可以健運脾胃，消除積滯，幫助消化系統，也是一道老少咸宜的食補。

狗尾草燉湯

• 材料

狗尾草半斤，排骨或雞肉 1 斤，紅棗 5 錢，枸杞 3 錢。

• 方法

將狗尾草洗淨，剪成小段，放入鍋中，加入適量水，大火煮滾以後，以小火熬煮 1 小時。將排骨或雞肉汆燙後，與紅棗、枸杞一同放入已經熬煮完成的狗尾草湯鍋內。此時可再加入適量清水一起大火煮滾以後，小火燜煮 30 分鐘到 1 個小時（可酌加鹽調味）。

Q12 父母可以怎麼使用食補幫孩子「轉大人」？

A12 在青春期還沒開始的階段，可以調理脾胃消化系統為主即可，如果在青春期已經開始啟動之後，可以在合適的階段適當地使用一些中藥食補協助孩子生長發育的機能能夠比較順利，也就是台灣話俗稱「轉大人」（民間也稱為「轉骨」）然而，現代的小孩和以往的營養條件不同，不宜過用補藥。進入青春期以後，男生以補氣壯筋骨為主，如：黃耆、黨參、杜仲、懷牛膝等；女生以養血暖宮為主，如：當歸、熟地、川芎、芍藥、女貞子、旱蓮草等。然而，因為孩子的生長板密合程度、骨齡年紀不同、青春期性徵發育階段不同，處方用藥也會有所不同，建議應諮詢專業的中醫師開立處方調理，也不要隨意使用偏方祕方。

Q13 身體要擁有免疫力才能抵抗疾病來襲，中醫有何幫助調節免疫力，讓身體機能扶正祛邪的妙方？

A13 免疫力的調理有賴足夠的睡眠、均衡的飲食與運動的習慣。中醫典籍黃帝內經《素問・生氣通天論》：「陰平

陽秘，精神乃治」。身體的陰陽平衡協調是一個很重要的關鍵，也是維持正常免疫力的基礎。在中藥採用補益正氣的方式，例如口服中藥、外用穴位推拿按摩、氣功鍛練，如八段錦等方式，也應該要順應節氣、天熱適當排汗、天冷注意保暖。

Q14 從中醫的觀點，提供促進孩子食慾和健康成長的建議？

A14 中醫認為食慾跟脾胃有關，而脾胃消化系統「貴健運不在補」，意思就是說，幫助脾胃消化蠕動的功能比一味地燉補還要重要。飲食應有所節制，過度攝取冰涼飲品、甜點、零食、油炸物等過於甜、鹹、油、膩食物，容易妨礙脾胃運化功能，同時避免隨意服用左鄰右舍街坊鄰居推薦的滋補偏方，補養過度反而增加腸胃道負擔。建議可以多食蔬菜、水果等富含纖維素的食物，促進腸胃蠕動，均衡的營養才能使孩子健康成長。

除此以外，中醫還可以用穴位按摩的方式，在膝蓋外膝眼下方大約 4 指幅處的「足三里穴」〈圖 2-2〉進行按

摩協助腸胃消化吸收，在腳底板正中間前面 1/3 的地方有一個凹窩，中醫稱為「湧泉穴」〈圖 2-3〉，也可以進行按摩促進生長發育，每次可以用大拇指按揉局部 5 分鐘。

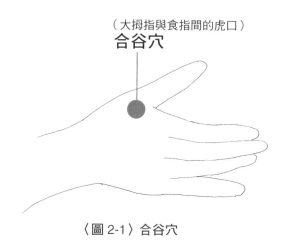

（大拇指與食指間的虎口）

合谷穴

〈圖 2-1〉合谷穴

合谷穴：

手陽明大腸經的穴位，位置在虎口，也就是大拇指與食指掌骨間靠近食指處。

【功效】

疏散風邪，開關通竅，清泄肺氣，和胃通腸，鼻塞，牙痛。

【按摩方法】

用大拇指或中指指腹施力按壓，每次按壓 5 分鐘。

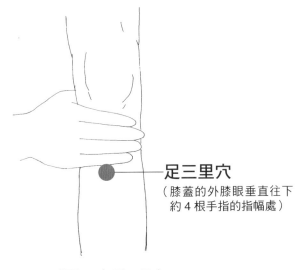

足三里穴
（膝蓋的外膝眼垂直往下
約 4 根手指的指幅處）

〈圖 2-2〉足三里穴

足三里穴：

　　足陽明胃經的穴位，從膝蓋的外膝眼垂直往下，約 4 根手指的指幅處。

【功效】

　　調理脾胃，和腸消滯，清熱化濕，降逆利氣，扶正培元。

【按摩方法】

　　用大拇指或中指指腹施力按壓，每次按壓 5 分鐘。

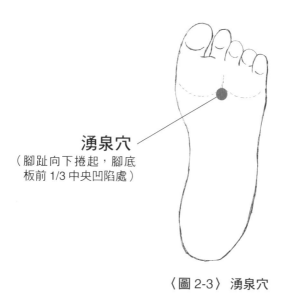

湧泉穴
（腳趾向下捲起，腳底
板前 1/3 中央凹陷處）

〈圖 2-3〉 湧泉穴

湧泉穴：

　　足太陰腎經的穴位，位置在腳底板正中線前面 1/3 凹窩的
地方。

【功效】

　　一切與中醫理論「腎主骨」相關的疾病，例如：生長。

【按摩方法】

　　用大拇指或中指指腹施力按壓，或在腳底放置一個按摩
球施壓輕踩，每次按壓 5 分鐘。

環境

生活周遭的致病因子 環境荷爾蒙不容小覷
養成好的觀念和習慣 盡量將傷害降至最低

國家衛生研究院 國家環境
醫學研究所 研究員
英國倫敦大學 流行病學
暨公共衛生學系博士

王淑麗

我們的健康情形與所處環境是息息相關的，無論是維繫生命不可或缺的空氣和水，抑或是置身空間裝潢、家具和物品的碰觸、擦拭身體肌膚的產品、入口的飲品和食物等，在在都對我們有著若干影響。雖然人體不一定短時間就有反應，甚至可能經過 3 年、5 年、10 年、20 年或以上的累積，才會顯現症狀，屆時可能已經病犯沉痾難以治癒，然而，在病蠱初始是相對最容易根治的，因此我們應該重視環境對人體的種種影響，建立正確觀念，實踐預防重於治療的策略。

多氯聯苯 台灣環境公害的嚴重事件

舉個環境危害人體的知名的案例：1979 年，在台灣發生多氯聯苯（PCBs，Polychlorinated biphenyls）事件，當時彰化有醫生發現有一家 8 口罹患怪異皮膚病，事態有異，後來透過媒體大幅報導後揭發事件，才發現位於彰化、台中的兩千多名民眾因為食用遭多氯聯苯污染的米糠油而中毒受害，成為台灣環境公害史上相當嚴重的事件。

多氯聯苯可能會導致人體各種的病變，造成免疫、神經、內分泌系統等問題發生、並具生殖毒性，還會通過母體胎盤

或哺乳傳給下一代，在孩子成長過程，可能有發展遲緩等現象。經過長期追蹤，絕大多數的受害者歷經數十年，身上仍殘留排不出去的毒素。

多氯聯苯並非單一的環境毒物事件，許多工業、焚化過程可能的副產物、工業特殊添加材料，包括：塑化劑（Phthalates）、全氟化物（Perfluoro-alkyl substances）、壬基苯酚（Nonyl Phenol）、固化劑（Bisphenols）、防腐劑（Parabens）等化合物，人們該如何以最妥善的方法來處理這些隱伏的環境危機，仍是極大的挑戰。人們面臨這類環境污染危機不該再置身事外，應有人人可能受害的危機感和環境隱憂，提升對生活安全保護的意識，才能給成長中的孩子一個良好的環境空間。

分布周遭 環境荷爾蒙威脅範圍廣大

事實上，人們每天都曝露於外在環境當中，遭受環境荷爾蒙（Endocrine-disrupting chemicals，EDCs，學界稱為環境內分泌干擾物質）的威脅。我們所提到的「外在環境」指的是身體以外的事物，環境荷爾蒙係指一類存在於環境中的物

質，其化學結構有時與人體荷爾蒙（激素）相似，接觸後會對人體的內分泌系統造成干擾，影響人體本身荷爾蒙的分泌或影響荷爾蒙受器的功能，進而引起免疫、神經、內分泌、生殖系統等相關健康效應。

因為環境荷爾蒙出現的範圍涵蓋了食、衣、住、行、育、樂各生活層面，會接觸到的各種材料與化學物質，常見者包括：塑膠製品中的鄰苯二甲酸酯類（Phthalic acid Esters，PAEs，俗稱「塑化劑」）、雙酚 A（Bisphenol A，BPA，Nonylphenol）、甚至在日常使用的洗衣劑、清潔劑、洗髮精、沐浴乳、乳液、保養品與精油，都可能帶有環境荷爾蒙，水體或食物、空污中存在的金屬物質，也會產生荷爾蒙干擾作用，常見的有：重金屬鎘（Cadmium，Cd）、鉛（Lead，Pb）、汞（Hydrargyrum，Hg，水銀）等。

當動物遭受持久性環境荷爾蒙污染，又稱為持久性有機污然物（Persistent Organic Pollutants, POPs），如全氟化物、多氯聯苯等，會殘留在其脂肪細胞；因此，動物皮、肥肉、內臟脂肪、動物油等食材，也是常見的 POPs 來源。同時，世界五大洋也受到環境荷爾蒙的污染，海洋生物體內可檢驗出

大腸桿菌、抗生素、荷爾蒙、化療藥等成分。自 1950 年以來，塑膠開始被人們大量使用，經估算約有 60％使用過的塑膠碎片，最終流入海洋，再因為海浪的作用，逐漸被瓦解成小於 5 毫米大小或是更小的微奈米顆粒——海洋塑膠微粒（Marine Microplastics）；曾有研究團隊抽查全球五大洲的自來水，發現海洋塑膠微粒（Marine Microplastics）檢出的機率竟高達 83%！嚴重衝擊海洋生態，對人類健康的影響仍待更多研究。

層出不窮 儘量降低重金屬污染危害

環境重金屬污染事件媒體報導時有所聞：1950 年代末期，台灣西南沿海地區由於砷所引起的烏腳病；2000 年傳出，自 1982 年起，全台陸續發生的鎘米事件；還有近年發生的茄萣海域綠牡蠣；香山地區牡蠣銅鋅含量高、美國鮪魚罐頭含汞；黑心玩具重金屬含量過高；泡麵油包、調味包都可能含有重金屬、致癌毒素，一起又一起的事件，層出不窮，也提醒我們必須注重生活環境重金屬暴露的可能性和健康疑慮。

重金屬會透過飲食、呼吸或是皮膚接觸的路徑進入人體，但是，大部分重金屬可以經由身體代謝排出體外，但也

有部分金屬像鎘會有少量積存在腎臟的情形，又如少量甲基汞可能進入神經組織等，如此可能漸進式地損壞身體正常功能。

雖然我們在日常生活中無法完全避免重金屬污染，但仍可盡量減少重金屬的傷害，例如：在飲食方面，秉持當季、在地的原則，選用天然的食材，透過簡單、原味烹調，避免不必要的添加物；在營養均衡的前提下，建議多吃具豐富纖維的食物，以及海帶、海藻類、南瓜、菇菌類、大蒜等食物，少吃鮪魚、旗魚等大型海洋魚類，而選擇體型小、淨水域養殖的魚類為佳，若是使用中草藥，也應選擇來源可靠、檢驗合格。

平時應減少接觸或暴露在有毒環境中，注意環境保健原則，譬如：不要使用鋁製鍋具烹煮食物、少使用揮發性液體、盡量減少染髮次數、慎選化妝用品，並且選擇有合格環保標章的電器用品、餐具、文具與玩具用品。

如果擔心自己體內重金屬含量過高，可透過現代發達的醫學檢測，了解體內是否有重金屬毒物的累積？是否暴露在重金屬過高的生活環境中？藉由檢查報告結果的提醒，調整

日常生活型態，做好預防措施，以避免重金屬長期累積而對身體造成永久性的傷害。

避免霾害 家長戒菸降低對孩子的傷害

眾所皆知，空氣是生存要素之一，我們無時無刻不在呼吸，在室外環境中，工廠、交通工具排放的廢氣，以及霧霾、PM2.5（細懸浮微粒）的空氣污染，會導致心肺系統出現問題、呼吸道感染，甚至致癌，脆弱的兒童更是首當其衝，世界衛生組織（World Health Organization，WHO）的資料顯示，2016 年，有 60 萬名兒童死於污染空氣引起的急性下呼吸道感染。空氣污染是一個重要的公共議題，政府應與民眾合力應對 PM2.5 爆表的危機，減少空氣污染對人們的危害。

霾害不只來自於大環境的空氣污染，抽菸其實也是重要且貼近生活中的霾害來源。在團體（董氏基金會）的推動和法令（《菸害防制法》）的制定下，菸害防治已有一定的成效，國人菸害健康識能亦大幅提升。父母若吸菸，不僅會增加下一代得肺癌的風險，兒童長期暴露於二手菸的環境，更會造成或加重孩童呼吸道疾病，得到中耳炎、氣喘、肺炎、血癌

的機率也會增加，也可能造成智力下降、嬰兒猝死或胎兒發育不良、胎死腹中等狀況。

二手菸就是室內霾害、PM2.5 的主要來源，吸菸者家中的 PM2.5 濃度，通常是非吸菸者家中的 10 倍，家長唯有及早戒菸，才能讓兒童免受室內霾害威脅。

由於尼古丁有很強的表面黏附力，會與空氣中的亞硝酸、臭氧等化合物發生化學反應，產生更強的新毒物，如亞硝胺等致癌物，黏在衣服、家具、窗簾或地毯上；所以，即使父母不在孩子面前抽菸，但衣服、車子、房子殘留的三手菸，一樣可能導致兒童淋巴腫瘤，尤其對於在家中爬行的嬰幼兒威脅最大，容易影響腦部發展、傷害呼吸系統。

另外，研究顯示家中燒香產生的氣體和懸浮微粒分析，發現也有多環芳香芐物質和重金屬等，吸入後可能會增加氧化壓力、發炎反應，增加基因突變的機率，應減少使用量，並且注重通風排除，並盡量降低孕婦、嬰幼兒吸入的機會。

家庭空汙 晚餐時段和睡前明顯增加

　　室內空氣污染有時比室外來得嚴重，根據世界衛生組織調查，每年約有數百萬人死因與室內空氣污染有關，已有多項文獻證實，室內空污引起的疾病有孩童急性下呼吸道感染、肺癌、慢性肺阻塞、中風以及缺血性心臟病等。我曾在 2020 年針對全省北、中、南地區 73 個居家環境進行「室內環境品質健康危害因子探討及健康促進研究」，特別是家中四個空間：陽台、客廳、廚房、孩子房間，進行細菌、真菌濃度及 PM2.5 的空氣採樣和品質監測。

　　結果發現有 11% 的家戶 PM2.5 濃度超過空氣品質標準規定的 35 微克／立方公尺，易引發過敏反應，如氣喘、鼻炎。另外，有 11% 家戶中的真菌濃度超過「室內空氣品質管理法」標準，過敏性疾病族群需特別留意。

　　此外，研究還發現晚餐時段和睡前這兩大時間點空氣品質明顯變差。不少父母下班後在家煮飯，炒菜時如果廚房門沒有關上或原本就是開放空間，於是，晚餐時段，油煙一路飄散到居家各個環境，讓一般空間連通的客廳裡 PM 2.5 濃度

也超標；家長在煮飯時，一定要記得把廚房門關起來，且要有妥善的抽油煙機將油煙抽上去；再者，家長煮飯時也要站在適當的位置，不要離油鍋太近，才不會油煙還沒被抽油煙機抽走就先吸進體內，造成對身體的危害。

進一步探討居家各場域與行為的空氣污染高風險因素，顯示小孩房間內的 PM 2.5 濃度變化大，特別是在晚上睡前時段，推測因為上床、跳床玩耍的行為，讓室內揚塵升高了 PM 2.5 的濃度。

有不少家長想在家中擺放空氣清淨機，空氣清淨機花費不貲，其實空氣污染若能在源頭就擋掉，再搭配除濕機使用，空氣品質就能得到改善，家庭平時做好居家清潔、環境整理、善用抽油煙機，對於維護室內空氣品質有實質上的效益。

 ## 魚目混珠 塑化劑違法添加食安問題

環境荷爾蒙目前已經遍佈我們生活周遭，會透過飲食、皮膚、呼吸接觸進入人體，無所不在，其中又以飲食最直接也最容易累積在體內。

　　入口的飲食，總是天然、新鮮的食材最好，但有些廠商為了能使食品組成的成分混合均勻或增加不透明度與黏稠性質，以增加食品的價值感，看起來更加美味可口，會添加「起雲劑」（Clouding agents）。起雲劑是合法的食品添加物，主要成分是由乳化劑、棕櫚油、阿拉伯膠和多種食品添加物混合製成，主要作用為幫助食品的乳化，常使用於運動飲料、果汁、果凍、優酪、檸檬果汁乳粉末等食品中，若食品標示中列有安定劑、乳化劑，表示可能有使用起雲劑。

　　然而，有些廠商為了降低成本和增加產品的穩定度，添加常用的塑化劑 DEHP（Di-ethyl-hexyl phthalates, 鄰苯二甲酸酯類）。目前環保署將 DEHP 列管為第四類毒性化學物質，國際癌症研究所（IARC）亦將其歸類為 2B 級致癌物，是不該添加於食品中的。

　　2011 年，台灣爆發塑化劑事件，起因為市面上部分食品遭檢出含有塑化劑，進而被發現部分上游原料供應商在常見的合法食品添加物起雲劑中，使用廉價的工業用塑化劑以撙節成本，影響範圍從飲料商品擴及糕點、麵包和藥品等，引發嚴重的食品安全問題，是繼中國三聚氰胺添加於奶粉之後，

相當重大的食安事件，受污染食品被勒令下架，衛服部亦監
測市面上相關產品。

病從口入 DEHP 塑化劑對人體危害多

塑化劑可以增加塑膠的延展性與彈性，使其物理性質變
為較為柔軟，易於加工，可依使用功能、環境不同，製造成
擁有各種韌性的軟硬度、光澤的成品，而愈軟的塑膠成品所
需添加的塑化劑愈多，如：保鮮膜、塑膠袋等，香水、指甲
油等化妝品，也常以塑化劑作為定香劑。

絕大多數 DEHP 在 24 ～ 48 小時內就會隨尿液或糞便排
出體外，但有的仍會隨著時間或是生活習慣造成的時間累積
暴露，對人體造成危害。例如：不少民眾誤以為塑膠袋、保
鮮膜、塑膠碗盤，只要不裝熱湯、熱食就不會溶出有害物質，
事實上，塑化劑和製品並沒有化學鍵結，容易溢散到空氣或
水中，而且 DEHP 屬親脂性物質，碰到油脂就容易溶出。

雖然塑化劑可以合法的添加於保特瓶等食品容器，塑膠
製品中的 DEHP 釋放至環境中所含濃度並不高，但在自然界

分解機制所需時間可能長達數年,再經由食物鏈濃縮,人體無意間所攝入的濃度,就比環境中高出很多倍,造成內分泌失調,阻害生物體機能。動物實驗發現某些塑化劑具有高度生殖毒性,有可能使胎兒發育嚴重異常,不可不慎。

由於 DEHP 已經被證實會干擾人體荷爾蒙中雄性激素的訊息傳遞,影響男性生殖系統的發育,也會造成女童性早熟;若孕婦體內的 DEHP 過高,會導致甲狀腺素分泌過低,影響胎兒中樞神經和成長。因此,早已有人呼籲重視食品和醫療容器溶出的塑化劑 DEHP,孕婦嬰幼兒的暴露量即便在合法 DEHP 範圍內,也觀察到對子代神經認知功能發展上有影響,建議應該減到最低為佳。

注意食器 避免釋出雙酚 A 造成傷害

除了 DEHP,雙酚類物質,如雙酚 A(Bisphenol A,BPA,酚甲烷)也是我們生活中常見的環境荷爾蒙,通常被作為聚碳酸酯塑膠(Polycarbonate,PC)材質,以及罐頭、紙杯內壁塗層的原料。

塑膠食品器具、容器若含有雙酚 A，會因為使用不當導致刮痕、磨損，後續在高溫加熱、酸鹼、酒精、微波處理或強力清潔劑等作用下，即可能釋出雙酚類，伴隨著食物或飲料進入人體。

進入人體的雙酚 A，在體內會干擾性荷爾蒙，造成其功能混亂，諸多人體觀察和實驗動研究顯示：除了會影響生殖及發育外，也可能還有其他長期的健康效應，像是造成肥胖、糖尿病、心血管疾病的情形。

由於過去嬰兒奶瓶多為塑膠材質（尤以 PC 材質為主），如果使用不當，即可能溶出少量雙酚 A，使得嬰兒對於雙酚 A 和接觸及導致危害的風險較一般成人為高，為了保障嬰幼兒的安全，政府修正「食品器具容器包裝衛生標準」，全面禁止製造與販售含雙酚 A 的嬰幼兒奶瓶。

那麼，我們要如何預防或減少從食物中吃到雙酚 A ？在使用食品容器具時，要避免使用塑膠材質容器具進行加熱、或長時間之陽光直接曝曬；使用後，發現容器有刮傷、霧面或變形時，應立即更換。而罐頭內部塗層的成分多含有雙酚 A，所以最好少吃罐頭食品。值得一提的是，食物外帶裝成的

紙盒、紙杯內多有一層易產生有害物質的淋膜，因此，外帶餐飲最好自備容器，儘可能使風險降至最低。

 數字說話 孕婦減少使用香氛保養品

過去研究發現，孕婦尿液中的塑化劑濃度與新生兒臍帶血中的濃度有關，顯示母親的暴露對胎兒健康可能會有潛在影響，進而決定探討孕婦個人保養用品與懷孕期塑化劑暴露的相關性。於是在 2012 至 2015 年調查北、中、南、東 10 家醫院共 1676 位年齡介於 20 至 40 歲，無嚴重妊娠併發症、心血管疾病、癌症等特殊病史的孕婦，在懷孕期間使用 11 種個人保養用品的情形，經由收集問卷與尿液、血液檢體等方式，歸結出研究結果。

孕婦使用非沖洗型的個人保養用品，包含皮膚爽膚水、唇膏、精油等，為了讓香味持久，這些產品都添加了定香劑，而最常使用的定香劑就是鄰苯二甲酸二乙酯（DEP）塑化劑。一般來說，DEP 的暴露雖然無法避免，但是 DEP 不像一些污染物容易在體內累積造成傷害，身體可以自行代謝；不過，如果 DEP 濃度過高，還是可能延長體內代謝的時間，尤其懷

孕期間暴露於 DEP，可能造成內分泌干擾等健康效應，影響
胎兒發育。

　　研究結果顯示，部分非沖洗個人保養用品的使用頻率，
會使尿液中 DEP 代謝物的濃度顯著增加；此外，更要注意的
是精油暴露量，有使用者較未使用者增加 21.8%；而沖洗型
個人保養用品，像是洗面乳，則是每週使用 4 次以上，可減
少尿液中 DEP 代謝物的濃度 27.6%，推估是洗臉過程也同時
洗手，洗去殘留物，因此降低濃度；但洗髮精反而結果相反，
尿液中 DEP 代謝物的濃度上升，可能與洗髮精為增添光澤與
香味使用的部分成分相關。

　　依照使用頻率不同，尿液中 DEP 塑化劑代謝物平均增加
10% 以上，恐會提高新生兒罹患過敏性疾病的風險。所以，
為了保護胎兒，香氣迷人卻含塑化劑的護理品還是減少使用
比較好，孕婦購買個人清潔用品和保養品時，可參閱內容物
標示，確認是否含塑化劑？且不要用超過 6 種非沖洗型產
品；同時多喝白開水、多運動流汗，也有助於排除 DEP 塑化
劑。

胎兒健康 孕期避免環境荷爾蒙傷害

諸多相關研究發現，不同的環境荷爾蒙暴露，可能增加的危害包括：胎兒生長遲滯、早產、出生體重偏低；男孩陰莖短小、隱睪、尿道下裂、男性女乳症、精蟲數量減少且品質下降、不孕；女孩則性早熟、初經過早、多囊性卵巢症群、早發性停經；以及過動兒、孩童學習能力差和注意力無法集中等問題；也可能增加青少年與成人罹患甲狀腺疾病、肥胖、代謝症候群與心血管疾病的機率，甚至與一些腫瘤或癌症的增加有關，包括攝護腺癌、睪丸癌、乳癌、子宮內膜癌、卵巢癌等荷爾蒙相關的癌症，可以嚴重影響人體健康。尤其以孕期中的胎兒和處於生長發育期的兒童，最容易遭受環境荷爾蒙危害。

因為環境荷爾蒙會影響細胞的新陳代謝與發育生長，而活性愈強的細胞就愈容易收到干擾，所以，成長快速的胎兒、嬰幼兒最易被影響，特別是生殖細胞或剛生下來的嬰兒。

不同發育階段的胎兒，所受到的傷害程度也不相同。一般來說，懷孕前期（1～3個月）是胎兒相對最敏感的時間，

正在進行心肺等重要器官，以及骨骼、神經系統的發展過程，若受到外來的環境荷爾蒙干擾，就會影響這些細胞組織的分化生長，也會經由基因甲基化的機制，造成終生健康的影響。胎兒的健康完全來自於母親孕期所補充的營養，因此，孕婦除了要攝取足夠的營養，更要注意食物的來源，建議儘量選擇天然食材、相關認證的食品和補充品，以及日常用品，避免摻雜其他化學或重金屬物質、塑化劑、農藥殘留的食品、物品，才能降低環境荷爾蒙的傷害，確保媽媽和胎兒的健康。

降低智商 追蹤 13 年證實塑化劑影響

由於塑化劑會干擾人體甲狀腺和荷爾蒙的分泌，而這兩類又會影響人體中樞神經的認知發展，這方面對於還在發育階段的孩童來說影響最深，因此，國家衛生研究院便朝這方面去調查研究。

DEHP 進入人體經過代謝會產生 MEHP、MEHHP、MEOHP 等多種代謝物，國衛院研究單位分析 2、5、8、11 歲孩童的尿液代謝物濃度，探討塑化劑暴露對孩童的認知發展造成的影響。經過 13 年的世代追蹤發現，DEHP 暴露量前

1/4 高的孩童，其智商分數會比暴露量後 ¼ 低的孩童少 2 ～ 10 分，平均來說，比其他孩童少了 6 分，研究也考慮並適當調控兒童、胎次、社經地位等相關因素，是以證實塑化劑可能和兒童智商下降有關。

此外，研究團隊同步也分析，孕婦 DEHP 塑化劑暴露量和女童子宮和卵巢大小等生殖系統發育確實呈負相關；而 2 歲或 5 歲男孩的塑化劑暴露越高也和氣喘呈現正相關；分析也發現，孕婦 DEHP 塑化劑暴露量愈高者，其 8 歲兒童的違規、攻擊等外化行為也愈高，持續追蹤發現相關性仍存在於較大的兒童，甚至內化異常行為也出現統計顯著性。

我國塑化劑建議攝食標準為每人每公斤每天 50 微克，與歐盟相同，美國則是 20 微克。塑化劑事件發生前，受測樣本中，2 到 8 歲的兒童有 5% 超過歐盟的建議攝食標準，17% 超過美國標準，事件發生、政府開始進行管控後，數據都有顯著的下降，國人攝食量已經幾乎降到美國標準。

塑化劑的應用很多元，就容器選擇上，消費者要避免購買聚氯乙烯材質做成的塑膠製品（也就是塑膠材質回收編碼 3 號），以 5 號 PP 材質的塑膠製品為優先；使用微波爐時最好

避免一切塑膠容器和保鮮膜；未滿 3 歲的兒童父母更必須注意，千萬不要使用含塑膠的奶嘴、磨牙器、食器、牙刷等用品，更要選擇有安全標章的嬰幼兒玩具。

養成習慣 重視減少接觸環境荷爾蒙

不只胎兒、嬰幼兒，兒童在每個成長階段的過程，青春期發育，甚至成人至更年期，都有環境的危機，環境荷爾蒙是以隱形的手法，一點一點影響細胞的功能。因此，家長應該體認到環境荷爾蒙影響的嚴重性，雖然完全避免環境荷爾蒙是個不可能的夢，但我們仍要將影響降到最低，在日常透過改變飲食習慣和生活方式，盡量減少由生活用品以及食物中攝取到過量的環境荷爾蒙。

飲食首重營養均衡，選擇天然、新鮮的食材、蔬果，以及當季盛產、有政府安全蔬果標章認證的農產品，少吃速食、加工、含添加物的食物，少食用油炸、油煎食品，避免食用動物性脂肪和皮、肥肉、內臟、骨髓等部位，定期健康檢查（如孕婦產前檢查），早期發現異常而即時遏止，對確保婦幼健康也是相當具效能。

防毒也要排毒，多喝水可促進代謝，多運動、多流汗也可提高代謝能力，排出身體毒素，同時降低脂肪囤積，因為環境荷爾蒙多為脂溶性，愈肥胖的人體內愈容易累積總量較多的親脂性環境荷爾蒙，如果減肥，建議慢速降低體重，多喝白開水和運動。

此外，還要保持腸道健康，避免便秘，讓毒素排出體外；亦要注重睡眠品質，避免熬夜，因為睡眠也是護肝之道，提升肝臟代謝功能。

而現代人多外食，在環保和健康的前提下，最好自備食器、餐具，同時請儘量「減塑」，避免塑膠製品、塑膠容器、塑膠袋裝盛食物，以及紙餐盒、紙碗、紙杯等一次性免洗餐具，多使用玻璃、陶瓷或不銹鋼餐具。

在小吃店常見的美耐皿餐具，通常裝盛 40℃以上高溫熱湯，就會釋出微量的三聚氰胺，只適合盛裝冷飲或冷食，千萬別裝熱湯來喝。微波調理食物的容器，也請用耐熱玻璃製品或陶瓷器。

居家用餐建議飯菜當餐吃完，或使用玻璃保鮮盒冷藏，減少保鮮膜使用，因為柔軟的保鮮膜含有塑化劑，加上塑化

劑是脂溶性，只要是肉類，或是用油炒、煮、拌過的食物，碰到保鮮膜都容易釋出塑化劑。

在居家清潔方面，應該減少化學清潔劑、殺蟲劑、洗衣劑、沐浴乳的使用，儘量使用天然成分的清潔用品，少用香味濃郁的洗潔、護理用品，例如：改用小蘇打粉與食用醋來做家庭清潔的工作，洗澡時用肥皂洗澡會比用沐浴乳好，兒童、青少年非必要應避免使用精油與化妝品。

經常保持室內通風、空氣清淨，打掃時避免粉塵飛揚（濕拖、濕擦、吸塵器優於乾掃）。空氣品質不佳時，避免外出，一旦外出，也養成配戴口罩的習慣。

勤洗手，也是非常重要的一件事，可以避免環境荷爾蒙殘留於皮膚或經口攝入。

不管環境荷爾蒙的事實有多嚴重，我們還是可以採取行動，從日常小事做起，在食、衣、住、行各方面養成良好的生活習慣，將人體暴露降到最低，降低環境荷爾蒙的傷害與恐懼，盡力給予孩子健康的成長環境。

環境 Q&A

Q1 18 歲以下未成年的孩子,在成長的生活環境中多會遇到些什麼問題?

A1 影響孩子生長發育的因素眾多且複雜,簡單分成生理、心理與環境因素,其中環境又可細分為物理環境、化學環境、社會環境。

在生理上,肥胖、過敏、性早熟、感染是身體健康的具體威脅;注意力缺乏多動症(ADHD)、自閉、憂鬱、躁症則是常見影響兒少心理的因子。

至於我們身處的環境更充斥著顯見與無形的干擾,物理環境中的輻射、紫外線、藍光與化學環境中的環境內分泌干擾物(攝入的有機物,如持久性有機污染物 POPs-Persistent Organic Pollutants、金屬 - 砷、鎘、汞、鉛),這些物質會藉由空氣(空汙)吸入、飲食攝入或皮膚吸收。在社會環境上,衛教程度不均衡(例如隔代教養所引起)也會影響兒童生長發育。

因此我們需要從總體的視野來關注兒童生長,舉凡家族基因遺傳、個體日常照護(飲食、運動、睡眠)、情緒

思維關懷、日常生活環境與社會人際互動，這些因子環環相扣，對兒童身心健康都有顯著的影響。

Q2 河川污染造成貝類等生物的污染，對人體會產生什麼樣的危害？

A2 河川污染可能造成金屬、有機污染物進到魚體或農作物，人體攝入後會使內分泌、神經系統、免疫功能受到影響，甚至演變成慢性疾病如三高、心血管疾病、腫瘤的發生等。

Q3 新興污染物有些什麼？

A3 「新興污染物」是指還沒有被強制嚴格管制，但隨著生活便利而在環境中達到一定濃度，可能危害環境及人體健康的化學物質。近代生活越來越便利，在生活中使用或接觸各種食品、用品或藥品的機會也變多，其中不乏有害因子的暴露，例如塑化劑、固化劑、防腐劑、清潔劑、全氟化物……等，有賴科學研究不斷進行，產生更多有用訊息。來提供各種管制標準之參考與採用。

Q4 國衛院曾追蹤 13 年證實 —— 塑化劑降低兒童智商，該研究情況和結果為何？

A4 吾人實驗室運用長期出生世代追蹤研究探討「兒童出生前、出生後塑化劑暴露對其健康影響」，在兒童智商追蹤結果顯示，兒童期尿中 DEHP 塑化劑（即鄰苯二甲酸二（2- 乙基己基）酯）代謝物濃度與兒童 2 至 12 歲智力商數分數減少有關，由於兒童持續的塑化劑暴露將對其認知發展有不良之影響，成長過程中應盡量避免暴露。(Huang HB, Chen HY, Su PH, Sun CW, Wang CJ, Chen HY, Wang SL*, TMICS group. Fetal and childhood exposure to phthalate diesters and cognitive function in children up to 12 years of age: Taiwanese Maternal and Infant Cohort Study. PLoS One. 2015 Jun 29; 10(6):e0131910.)

Q5 為什麼台灣兒童會有一定塑化劑的攝取量？日常應該採取哪些措施以降低塑化劑攝取量？

A5 塑膠製品充斥我們日常生活，因此容易經由接觸塑化劑和手口途徑而暴露。兒童使用塑膠製品作為食品包裝材

或餐具，也常因其釋出而將塑化劑攝入；此外，手搖飲料店在台灣林立，根據市調數據顯示常飲用手搖飲料可能也是兒童塑化劑暴露的來源之一。

塑化劑的應用很多元，就容器選擇上，避免購買聚氯乙烯材質（塑膠材質回收編碼 3 號）做成的塑膠製品，以5 號 PP 材質的塑膠製品為優先；使用微波爐時最好避免一切塑膠容器和保鮮膜；未滿 3 歲的兒童父母須注意不要使用含 PVC 塑膠的奶嘴、磨牙器、食器、牙刷與玩具等。日常生活養成多喝白開水、勤洗手和定期運動的習慣，有助於新陳代謝和體內污染物質的排除，以及降低體內暴露機會。充分睡眠，也有助於提升肝臟代謝功能。

Q6 重金屬污染是否會影響兒童健康與智力？生活中該如何預防和避免？

A6 暴露於重金屬確實會影響兒童健康與智力，以過去常探討的鉛、鎘為例，除了影響兒童神經系統，亦會對腎功能與多種器官造成影響，而砷的暴露也發現可能和兒童

過敏性疾病有關；此外，若懷孕母親在多種金屬的共同暴露情況下，也可能影響兒童後續心理健康之發展。

生活中預防或避免重金屬暴露的方式有下述幾種可供參考：（1）避免兒童暴露到二、三手菸，因所含菸草可能受到重金屬污染；（2）避免誤食老舊剝落的油漆或著色鮮豔易掉色的吸管或兒童玩具；（3）避免來路不明的飲用水，重金屬易存在於受污染的地下水或河川中；（4）適量攝取海鮮，避免大量實用大型海魚，因為長期生存、位於的食物鏈上層的大型海魚，可能累積較多的有機汞。

Q7 孩子的健康狀況在母親孕期受到極大影響，例如：塑化劑會影響生殖系統，造成男嬰肛門尿道口距離（AGD）縮短影響未來生育能力，如果孕期不注意，孩子出生後常有些什麼問題？

A7 吾人過去運用長期出生世代追蹤研究已發現母親懷孕時塑化劑暴露會影響兒童性荷爾蒙濃度，與女童子宮與卵巢發育較小有關，也會影響兒童行為發展，像違法行為

和攻擊性行為增加，也與兒童氣喘的發生有關。而母親懷孕時全氟烷化物質暴露，會增加兒童異位性皮膚炎、過敏性鼻炎、氣喘等過敏性疾病發生的風險，也與兒童智力商數減少有關，亦會影響孩童的荷爾蒙濃度、免疫功能與生長發育。因此，母親預期若能減少或避免上述塑化劑與全氟烷化物質暴露，將有助於其孩童健康發育、成長。

Q8 國家衛生研究院長期關注環境對生長發育的影響，在多哈理論（DOHaD）的基礎上對母嬰健康有何呼籲？

A8 所謂多哈理論（DOHaD）乃指人類在受精期、胚胎期和嬰兒期的不適當環境，與出生後的環境相互作用，導致表觀基因的變化（包括：DNA 甲基化、組蛋白修飾、染色質重新編排以及非編碼 RNA 的表現），可能影響人體器官或生理系統的發育與功能，而影響成年時疾病的產生。

吾人過去研究已發現母親懷孕時塑化劑與金屬暴露會影響其孩童出生後荷爾蒙濃度、生殖器官發育、行為發展與過敏性疾病的發生等等。

呼籲婦女在懷孕時或是有計畫懷孕應減少或避免塑化劑與金屬等有害物質暴露，日常生活也養成多喝白開水、勤洗手和定期運動的習慣，補充膳食纖維、葉酸、維他命 C 和良好睡眠，有助於新陳代謝和體內污染物質的排除，以及降低體內暴露機會。

運動

提升免疫力學習不分心　孩子愈運動愈快樂

不沉迷手機運動量達標　四肢發達頭腦更優

國立中興大學運動與健康
管理研究所教授
英國羅浮堡大學運動科學
哲學博士

巫錦霖

每個孩子，都是家長的寶貝。在成長的過程中，家長無不企盼孩子能夠平平安安、健健康康地成長，飲食、睡眠、運動，更是直接影響孩子健康成長的重要因素，尤其運動，在這個 3C 產品暢行的年代，其重要性更是被現代人所輕忽，但對成長中的孩子而言，運動卻是極度需要重視且刻不容緩的課題。

 ## 好處多多 提升免疫專注學習好情緒

所謂運動，是身體活動的一種，指具有計畫性、組織性和重複性，用以改善一項或多項身體適能。在正常且適度的前提之下，運動可以說是好處多多，不僅可以促進身體發育，還可以活化大腦、愉悅身心，更能夠改善體能、預防慢性或退化性疾病的發生，對人體健康的提升，極有助益。

除了身體健康，運動能夠帶來的好處，超乎想像，尤其對於成長中的孩子，運動可以增加孩子的免疫力、增強抵抗力，讓孩子有足夠的能力從事日常生活活動，健康、學習、情緒、人際、品格等方面種種問題的共同解藥，可說就是運動。各國多項研究已證明，把運動置入學校每日的課程，不

僅能增進體能，更能有效提升學力、培養專注力、消弭情緒困擾。

大腦的研究證明，鍛鍊身體的同時，也在鍛鍊大腦。愛運動的孩子，記憶力、整合力和應變能力也愈好。而運動養成的團隊合作、忍受挫折、耐心、領導等特質，更是人生不可或缺的技能。

近幾年來的大腦研究也發現，運動時大腦會分泌腦內啡，可以減低疼痛並產生愉悅感。憂鬱症的研究也發現，運動幾乎在各個層面都能抵抗憂鬱，許多精神科醫師甚至開始將運動加入憂鬱症的治療項目中。每種運動讓人感到快樂的程度不同，但都能使大腦分泌腦內啡，感覺到平靜、快樂，愈運動，愈快樂。因此，運動會增進孩子的 EQ，愛運動的孩子多不易發脾氣，具有好的人際關係。

 ## 60 分鐘 分次累積孩子一天運動量

其實現在的家長對於兒童運動已經有不錯的概念，像是會帶孩子學游泳、去上坊間的體能課程、或甚至是運動中心

的體能相關課程等,這些都是不錯的運動。只是孩子需要的運動量,光是上上體能相關課程就足夠了嗎?0～18歲各個階段的孩子,也有著不同的運動量,家長可考量依孩子的年齡和體力來引領孩子做適當的運動。

〈表 4-1〉兒童與青少年身體活動量建議

年齡區段	5-12 歲	13-17 歲
活動頻率	身體活動應每天進行	每天實施 60 分鐘以上中等費力身體活動。體能較好的人,可再增加費力身體活動,提升心肺適能。
活動強度	中等費力,每週至少 3 天為費力強度	每天從事中等費力身體活動或每週至少 3 次費力身體活動。也可以混和實施中等費力與費力活動,提升心肺適能。
活動時間	每天累積至少 60 分鐘身體活動	中等費力身體活動,每天 60 分鐘以上;費力身體活動,每次 30 分鐘以上,每週累積至少 90 分鐘。
活動類型	多樣化方式進行。 中等費力活動如遠足、溜直排輪、溜滑板、騎自行車、走路上學等。 費力活動則有追逐遊戲、騎自行車爬坡、跳繩、打籃球、游泳等	依興趣及能力從事相關身體活動。 中等費力活動:健康操、快步走、騎自行車、游泳、扯鈴、壘球、桌球及棒球等。 費力活動:較激烈的球類活動、有氧舞蹈、中等速度以上游泳、跑步、騎自行車等。

※ 資料來源:衛生福利部國民健康署

世界衛生組織與歐美國家均建議，6 歲以上的孩子每天應該要累積有至少 60 分鐘的中、高強度的身體活動，其中應該包括結構化及非結構化的活動，孩子從事這類活動時，會喘氣、會流汗、心跳加快，但不至於激烈到無法對話。

而在台灣，衛生福利部也建議，兒童及青少年每天至少累積 60 分鐘中高強度身體活動。衛福部除建議兒童每天要運動 60 分鐘，更要注重有氧適能、肌肉與骨骼的強化，12 歲以上的青少年，亦強調增加柔軟度。

不過，聽到 60 分鐘，許多家長應該面有難色，每天的時間都不夠用了，怎麼規劃出 60 分鐘的時間去做運動？其實家長不用太過擔心，這 60 分鐘不是持續性、不間斷地進行，而是一天之內可以分多次進行，累積起來即可。例如：學齡期兒童，每節下課都有 10 分鐘，下課時若能離開教室，到操場、室外去運動，這 60 分鐘是很容易累積到的；如果再加上體育課，甚至走路上、下學的時間，一天的運動量應該就可以達標了。

增加效果 有氧適能並強化肌肉骨骼

衛福部建議兒童每天運動 60 分鐘，更要注重有氧適能、肌肉與骨骼的強化。有氧適能的運動，例如：慢跑、游泳、騎自行車等。在教育部體育署體適能網站上就有提到，透過有氧運動，可以維持運動的人最佳的心肺適能，可以藉由心跳率的測量，來訂定運動的強度。

至於肌力的強化，就是指肌肉的力量，像：跳躍、柔道等。雖然孩童尚無需考慮增加肌力所帶來新陳代謝的好處，但肌力強化，能夠使身體和骨骼、韌帶、軟骨保持柔軟彈性，保護兒童，預防運動傷害。

許多父母會關心孩子的身高問題，總希望孩子能高人一等，強化骨骼便是兒童長高的要點，當家長在諮詢醫師要怎麼長高時，除了飲食的建議，也會建議加上跳繩，或是打籃球等運動。因為跳躍又下墜，在雙腿碰到地面的那一剎那，能夠衝擊骨骼，刺激生長板，讓骨骼延長；所以希望孩童長高，運動必須要有衝擊力，例如跳躍性的運動絕對可以為身高加分。

　　不過，要注意，運動有時也會帶來運動傷害，所以，增加關節的柔軟度的運動，例如：體操、瑜珈，以及伸展運動等等，不僅可以擴大關節的活動範圍，也可以避免運動傷害。

　　在運動之後，可以適當給一些優質蛋白質與適量的碳水化合物，並且適當的補充水分以及充分的維生素與礦物質，像是奶類食品，如果對奶類製品過敏的話，也可以改為豆漿等。因為當人體在運動時，消耗肌肉貯存的能量或者給予肌肉力量上的刺激，因此運動後身體會傳遞能量危機訊息或者需要建造更強健的肌肉的訊息，因此，運動完所吃的東西，它的能量會優先到骨骼肌群，目前建議在運動後兩個小時之內，若吃正確的食物，效果更佳。

 ## 世界倒數 台灣兒童活動量嚴重不足

　　為了喚醒國人對於兒童青少年身體活動與健康的意識，我與臺灣體育運動大學張振崗教授共同帶領團隊，加入全球兒童健康聯盟（Active Healthy Kids Global Alliance），在 2018 年發表台灣第一次兒童與青少年的身體活動報告，並於 2022 年與全球 57 個國家，共同發表第二次臺灣地區的兒童與青少年的身體活動報告（https://www.activehealthykids.org/4-0/）。

　　這個自發性的研究，完全出自於大學善盡社會責任的使命，也期待政府可以提供更多學校之外的身體活動機會，家長可以了解身體活動對子女身心健康的幫助，共同提升我國兒童及青少年的身體活動量。

〈表 4-2〉57 國兒童與青少年身體活動量等級

序	國家／地區	等級	序	國家／地區	等級	序	國家／地區	等級
1	阿根廷	D⁺	20	耿西	C⁺	39	蘇格蘭	數據不全
2	澳大利亞	D⁻	21	香港	D⁻	40	塞爾維亞	D⁺
3	波札那	D⁺	22	匈牙利	F	41	新加坡	C⁻
4	巴西	D	23	印度	C	42	斯洛伐克	B⁻
5	加拿大	D	24	印尼	F	43	斯洛維尼亞	A⁻
6	智利	D⁺	25	愛爾蘭	C⁻	44	南非	B⁻
7	中國	C	26	以色列	D⁻	45	南韓	D⁻
8	台灣	F	27	日本	B⁻	46	西班牙	B⁻
9	哥倫比亞	D⁺	28	澤西	F	47	巴斯克自治區	數據不全
10	克羅埃西亞	B⁻	29	黎巴嫩	D⁻	48	埃斯特雷馬杜拉自治區	F
11	捷克共和國	C⁺	30	立陶宛	D⁺	49	莫夕亞	D
12	丹麥	D	31	馬來西亞	D⁻	50	瑞典	D⁺

〈表 4-2〉57 國兒童與青少年身體活動量等級（續）

序	國家 / 地區	等級	序	國家 / 地區	等級	序	國家 / 地區	等級
13	英格蘭	C⁻	32	墨西哥	D	51	泰國	D
14	愛沙尼亞	C⁺	33	蒙特內哥羅	C⁻	52	阿拉伯聯合大公國	F
15	衣索比亞	F	34	尼泊爾	D⁺	53	美國	B-
16	芬蘭	A⁻	35	紐西蘭	C⁺	54	烏拉圭	F
17	法國	D⁻	36	菲律賓	F	55	越南	F
18	德國	D⁻	37	波蘭	數據不全	56	威爾斯	F
19	格陵蘭	D-	38	葡萄牙	D⁻	57	辛巴威	C⁺

※ 資料來源：2022 年兒童與青少年身體活動報告書

　　報告內容包括身體活動量、組織型運動、動態遊戲、動態通勤、坐式行為、體適能、家庭與同儕、學校、社區與環境、政府等 10 個評估指標，在 2022 年的報告書中，台灣在各指標表現屬中上，但在兒童青少年的身體活動量列為不及格的 F 等級，與其他 10 國位居世界排名末班車！有高達八成的兒童青少年無法達標，以高中生為例，平均一天身體活動量僅約 13% 的學生，達到世界衛生組織建議的每天運動 60 分鐘，從全球的報告書看來，僅有斯洛維尼亞與芬蘭列為 A⁻ 等級，兒童身體活動量不足，已經成為全球的問題，然而兒童青少

年身體活動量受很多因素影響，其中手機等 3C 產品的使用時間，便是一個重大的影響因子，我們也觀察到近年來台灣地區兒童與青少年隨著使用 3C 產品的時間增加，體適能卻是逐年下滑的情況。

〈表 4-3〉2022 年台灣兒童與青少年身體活動報告書各指標表現

指標	基準	主要發現	等級（2022年）	等級（2018年）
身體活動量	中等和劇烈的體育活動大於每天 60 分鐘	國中生 22.0% 高中生 13.6%	F	F
組織型運動	參加學校的運動隊和俱樂部	小學生 24.0% 國中生 20.1% 高中生 13.7% 總體 20.0%	D⁻	D⁻
動態遊戲	每天參加非結構化 / 非組織化的積極遊戲大於 2 小時	6-12 歲的人中有 17.7%	F	數據不全
動態通勤	在過去 7 天中至少有 5 天步行或騎自行車上下學	國中生 46.5% 高中生 39.3%	C⁻	C⁻
坐式行為	與學習無關的螢幕時間小於每天 2 小時	小學生 24.0% 國中生 20.1% 高中生 13.7% 總體 20.0%	D⁺	C⁻
體適能	基於國際規範值	數據不全	數據不全	B⁻

〈表 4-3〉2022 年台灣兒童與青少年身體活動報告書各指標表現（續）

指標	基準	主要發現	等級 （2022年）	等級 （2018年）
家庭與 同儕	促進體育活動的父母 與孩子一起進行體育鍛練的父母 有鼓勵和支持他們進行體育鍛煉的朋友和同齡人 鼓勵和支持他們的朋友和同齡人進行體育鍛鍊的父母	父母參與 5.76%，觀看 4.61%，接送 16.36%，鼓勵 48.16%。 受朋友邀請一起運動 35.25% 主動邀請朋友一起運動 26.96% 總體 22.85%	D⁻	數據不全
學校	有積極學校政策的學校 學校每週提供法定的兩節體育課 體育教師是經過認證的 學校為學生提供體育活動機會（不包括體育） 學生可以定期使用體育活動設施和設備	97.08% 的學校關注 SH150 各級學校每週平均體育課的節數 小學 1.84 國中 1.99 高中 2.03 76.6% 的體育教師有證書 大多數學校有向公眾開放的體育活動設施	A⁻	B⁺
社區與 環境	有促進身體活動政策的城市 擁有專門用於促進身體活動的基礎設施的城市 社區內有體育活動的設施 對社區內的設施感到滿意	各地方政府都有促進體育活動的政策 全台有 51 個地區運動中心 80.5% 的 13-17 歲兒童表示在住家附近有運動設施 87.5% 的 13-17 歲兒童對這些設施感到滿意	A⁻	B⁺

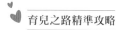
〈表 4-3〉2022 年台灣兒童與青少年身體活動報告書各指標表現（續）

指標	基準	主要發現	等級（2022年）	等級（2018年）
政府	在提供體育活動機會方面的領導和承諾 撥出資金和資源用於促進體育活動	運動 i 台灣 2.0（2022-2027）繼續改善基礎設施和文化 2019 年，運動和體育占中央財政總支出 0.63%	B$^+$	B$^+$

※ 資料來源：2022 年台灣地區兒童與青少年身體活動報告書

　　這項研究報告的結果，值得各方面的重視，特別是家長與學校師長應好好檢討與調整關懷內涵。或許家長們都不希望孩子輸在起跑線上，所以不論在學校或家庭都以將來考上好學校為目標，或者勉強孩子課後才藝基礎培養、英數基礎扎根，加上學校的課業重視，然而許多的研究都證實，運動能夠增加學習的效率，因此有效率的學習，並且兼顧足夠的身體活動與運動，應該才是政府、家長、社會與學校應該好好思考的方向。

升學壓力 暫離書桌起身活動效率佳

　　國、高中階段的孩子升學壓力沉重，一早 7、8 點就到學校上課，放學即到補習班繼續努力，可能直到晚上 9、10 點

才回家，幾乎一整天身體都黏在椅子上。許多家長為了安全，甚至每天接送，孩子連途中走路運動的時間都沒有。

這些學生平時能夠運動的時間，就是在學校的課間休息，但也要看下課時間有否運動？還是只在教室內看書？能夠確保有在運動的，就是學校的體育課，不過，校內的體育課充其量每週 1 ～ 2 次，一次 50 分鐘，換算下來，根本達不到一週 7 天、平均每天運動 60 分鐘的目標。況且，體育課所進行的運動也不一定到中度或是強度。

有鑑於此，政府鼓勵基層學校配合課綱落實體健教學，但是效果似乎有限。這種氛圍下的兒童與青少年整體體檢不及格就不意外了！

在兒童與青少年的總體身體活動量的研究報告顯示，台灣國中生只有 22％，高中生則為 13％，國小生比較好，有 39.8％，女生又比較明顯，將這些資料平均起來低於 20%，算是不及格的。

綜觀報告中亞洲國家學童的身體活動量，只有日本最好，評定為 B⁻，中國、印度為 C，新加坡為 C⁻，香港、南韓則是

D⁻，印尼、菲律賓、越南與臺灣同為 F，幾個國家身體活動量多比 2018 年的報告下滑；主要是亞洲國家都很重視升學，但唯獨日本同時也很重視孩子課後的體育活動，通常會留 1 小時在校內參加運動社團，但是也是有下滑的現象。

〈表 4-4〉亞洲 18 國兒童與青少年身體活動量比較表

序	國家 / 地區	等級	序	國家 / 地區	等級	序	國家 / 地區	等級
1	孟加拉	C⁻	7	日本	B⁻	13	新加坡	C⁻
2	中國	C	8	黎巴嫩	D⁻	14	南韓	D⁻
3	香港	D⁻	9	馬來西亞	D⁻	15	台灣	F
4	印度	C	10	尼泊爾	D⁺	16	泰國	D
5	印尼	F	11	菲律賓	F	17	阿拉伯聯合大公國	F
6	以色列	D⁻	12	卡達	D	18	越南	F

※ 資料來源：2022 年兒童與青少年身體活動報告書

其實就國三生的運動和學習成果分析來看，數據證明，在國中 3 年期間，如果學生的體能夠有效提升，會考的成績也會隨之變好！

所以，當孩子伏案苦讀，如果坐得太久，已經感覺昏沉或效率不彰，千萬別勉強他繼續用功，建議家長若看到孩子

讀書露出疲態時，不妨鼓勵他先離開書桌，起身活動筋骨，或是乾脆到室外跑一跑、跳一跳，為身體注入鮮活氧氣，整個人才會充滿活力，保有持續衝刺學業的動力。

 ## 3C 氾濫 影響孩子運動意願和時間

現代科技發展迅速，3C 產品充斥在每一個家庭中，孩子很難避免 3C 產品的使用，甚至沉溺其中，無法自制。

以前的孩子總是和友伴玩得不想回家，現在的孩子則多是宅在家；以前在家的靜態行為是看電視和漫畫，現在則是使用手機、電腦等 3C 產品，而且時間極長，玩手遊、看影片、追劇，一發不可收拾，大大影響運動的動機和時間。

金車文教基金會曾經公佈「2019 年青少年手機問卷調查報告」，超過 64% 的兒少覺得沒有手機很無聊，且年齡愈大，手機愈不能離身，近 40% 每天使用手機逾 3 小時，大部分用來看影音、社群軟體聊天、玩電玩遊戲。另調查也發現，兒少社群網站加入的好友很多，但近一半卻是不認識的人。

因為智慧型手機愈來愈普及,「無機恐慌症」已然成為現代人的另類文明病,患症年齡甚至下修到國小階段,資料顯示,兒童每天上網少於 2 小時者僅有 30%～ 40%,平均為 40%～ 60%,比例偏高,導致孩子們主動運動的風氣並無提升。比較值得一提的是,2022 年台灣兒童與青少年身體活動報告中也提到:身體活動量下滑、靜態行為增加是 57 個國家的兒童與青少年共同現象,「靜態行為」指使用手機、電腦、電視時間作為非學習使用的時間小於 2 小時。依照衛福部國健署的調查國中生 45.6%、高中 34.8% 小於 2 小時;國、高中學生放學後又接著補習,因此假日更要鼓勵運動與各種的身體活動。

 ## 約法三章 正向引導讓孩子自我管控

有鑑於常用 3C 產品、活動量下滑,使得台灣青少兒童體能不及格已經明顯出現因果關係;然而,想要全面禁止孩子使用 3C 產品,看來似乎是「不可能的任務」,特別在疫情肆虐之際,學校授課幾乎都改用居家線上教學,預防疫情擴散、蔓延,使得 3C 產品的使用更加難以控制。

　　處在數位時代，現代科技帶來便捷，亦改變人們的生活方式，無不仰賴 3C 產品，但水能載舟，亦能覆舟，過分依賴只會造成反效果，加上疫情期間，孩子在家時間增加許多，多一點運動與少一點沉溺手機、3C 產品等靜態行為的休閒活動，更成為家長必須重視的課題。

　　讓孩子自由使用手機，容易成癮，據調查，年紀愈大的兒童愈常使用手機，師長也愈難控制，且手機對孩子學習上也是有所助益的，查找資料、自學外語、測驗評量……等都是極佳的輔助工具，與其禁止使用，不如和孩子約法三章。

　　建議除了約定使用時間外，也要培養孩子休閒多元發展，不要讓手機成為孩子唯一能找到快樂的地方。家長平時應多與孩子溝通，關心孩子手機使用情形，進而同理青少年的行為想法，並且建立良善的使用習慣與規範，讓孩子學會自我管控。

　　除了在學校的老師們有效的輔導與安排，家長的引導和約束更是孩子自我管控的重要關鍵；想要孩子正向使用手機，以及放下 3C 產品，起身多運動，光喊口號沒有用，家長自己要以身作則，率先放下手機，多一點親子交流時光，尤其

是暑假時期，學校的暑假作業多規定學長每天至少運動或者身體活動 60 分鐘，家長恰可利用假期多進行親子活動，和孩子一起運動、帶孩子到處走走，達到增強體能的同時，彼此感情亦隨之升溫，也唯有加強體能活動，未來孩子的體檢更不再普遍出現不及格的紅字，國力敬陪末座。

 ## 運動阻礙 時間挫折感和行為的改變

除了沉溺手機、3C 產品，還有哪些阻礙兒童參與運動的原因呢？教育部歸納出時間、挫折感和行為這三大項。

阻礙兒童參與運動的最大原因，超過 50% 都是因為時間。正逢學齡階段的孩子，時間多數都花在課業上，除了學校，還要上補習班，相對在時間的規劃和分配上，運動項目也就極易被排擠了。

上天是公平的，每個人一天都只有 24 小時，家長應明白運動的好處，讓學習更增效益，同時也要將時間的規劃權適度還給孩子，不要完全為孩子規劃一切，要學著傾聽孩子的心聲，雙方共同討論出兼顧課業和體能的理想作息表。

　　雖然運動的主要目的是強身，無須流於競賽表現，但有的孩子先偏好勝心強，當參與運動達不到預期表現時，就會衍生挫折感，反倒選擇逃避，運動意願低落。建議師長發覺孩子有此現象時，不妨將運動設計得簡單一點，提升兒童投入運動的意願。

　　事實上，在運動時，參與比表現、過程比結果都還要來得重要，想要讓更多兒童參與運動，有趣、好玩的活動設計，才能夠吸引學生離開書桌或放下手機，進行運動。例如：電玩業者結合運動和科技的 Wii、Xbox 遊戲機 Sport 系列，就是娛樂性兼運動性的產品；像這樣運用 3C 產品，不會讓孩子只是一直坐著打電玩，將靜態活動轉為動態活動，堪稱雙贏。

　　再則，行為的改變也攸關身體活動量，可透過一些日常行為模式的小改變，逐漸累積孩子的身體活動量；例如：由於社會少子化，很多家長擔憂孩子的人身安全，上下學總是直接到校門口，減少動態通勤機會，或許在整體社會氛圍和安全性的考量下，無法改變家長的作為，但如果能夠在學校附近規劃一塊學生接送區域，讓學生們在愛心志工的指引下走路到校，不僅可以減輕家長的擔憂，降低學校周邊交通負擔，也可以增加孩童的動態活動時間。

政策落實 全民共創運動型健康社會

在照顧兒童運動這方面,政府其實非常注重,教育部體育署也做了相當多的努力,從最早的「333 運動法」到現在的「SH150」,還有「運動 i 台灣」等政策推廣,並非流於口號,而是積極引導、全面落實。

「333 運動法」係指每週至少運動 3 次,每次至少運動 30 分鐘,而且每次運動後的心跳速率要達到每分鐘 130 次以上。

不分年齡、不分運動的種類,皆可採用「333 運動法」原則,只是在從事運動的初期要注意,起始的運動量別過度或太激烈,應以循序漸進的增加強度與時間為宜。如果因為忙碌或場地的不方便,不容易實行,運動其實可以逐步累積,分段來進行,以每次運動 10 分鐘,心跳速率達每分鐘 130 下的微喘程度,配合早、中、晚各一次來施行,這樣的「111 運動法」,成效應該也不差。

「SH150」是教育部體育署自 103 年學年度起推動的方案,S 代表 Sports,H 代表 Health,推廣學生每週在校除體育課外,能夠累積運動到 150 分鐘,希望每天的課後時間,或是

下課的時候，能夠增加身體活動，帶給學生健康。「SH150」呼籲高中以下各級學校依據學校設施及校本特色，安排學生於晨間、課間或課後運動，成立各類課後運動社團，利用彈性課程及綜合活動時間實施體育活動，舉辦校內班級運動競賽或推動樂趣化活動，引發學生運動之興趣，學習各種不同的運動技能，以強化學生的體適能，從小培養學生的規律運動習慣。

〈表 4-5〉增進身體活動量的推動方案

運動規則	333 運動法	111 運動法	SH150
實施方式	• 每週至少運動 3 次 • 每次至少運動 30 分鐘 • 每次運動後心跳速率每分鐘 130 下	• 每天運動 1 次 • 每次運動 10 分鐘 • 心跳速率達每分鐘 110 下	S 表示 Sport（運動），H 是 Health（健康），學生在校期間除體育課程時數外，每日參與體育活動之時間，每週應達 150 分鐘以上

※ 資料來源：作者整理

2016 年起，教育部體育署賡續辦理「運動 i 臺灣」計畫，成效卓著，有效提升了國民參與運動及規律運動之比例。國民參與運動的比例自 2006 年的 76.9% 起逐漸上升，至 2020 年達到 82.8%；規律運動人口之比例則自 2006 年的 18.8% 開始提升，至 2020 年達 33%，成長近兩倍。

　　健康國民是國家最大的資產，身體活動和運動對於促進各年齡層民眾健康至為重要，然而如果能夠從小做起，培養成為未來的生活習慣，將會很容易地推動到所有年齡層。期望政府和大眾持續推廣全民運動，積極促進國民健康，學校老師和家長也攜手合作，大幅提升兒童的運動量，全民共同打造一個「運動健身、快樂人生」的運動型健康社會。

 ## 運動 Q&A

Q1 18 歲以下未成年的孩子，在各階段應該有多大的身體活動量？

A1 依照世界衛生組織與各國的衛生福利部門建議，兒童及青少年每天至少累積 60 分鐘中高強度身體活動。

Q2 媒體曾報導：台灣青少兒活動量偏低，該如何提升成長中孩子的活動量，以及對運動的興趣？

A2 提供時間與場域，降低運動難度增加樂趣、減少螢幕時間、改變行為。

Q3 台灣兒童青少年達到世界衛生組織的身體活動量的比率，排名位世界末班車，原因為何？

A3 亞洲國家都很重視升學，長時間的坐式型態讀書，時間不足、運動具挫折感。

Q4 面對台灣兒童青少年普遍不愛身體活動的問題，國家有什麼對應政策？

A4 除改善運動環境之外，實施 SH150 計畫、運動愛台灣計畫。

Q5 什麼是「333 運動法」？該如何力行呢？

A5 每週至少運動 3 次，每次至少運動 30 分鐘，而且每次運動後的心跳速率要達到每分鐘 130 次以上。

Q6 以前的父母煩惱孩子在外面玩到不回家，現在則是煩惱孩子沉溺 3C 產品宅在家，時代趨勢為什麼會如此轉變？

A6 處在數位時代，現代科技帶來便捷，亦改變人們的生活方式，無不仰賴 3C 產品，特別在疫情肆虐之際，學校授課幾乎都改用居家線上教學，預防疫情擴散、蔓延，使得 3C 產品的使用更加難以控制。加上 3C 產品的吸引力令人難以抗拒。

Q7 現代兒童青少年常用 3C，活動量下滑，台灣青少兒童身體活動量不及格，請簡述 3C 產品與身體活動的關係與影響？

A7 身體活動量下滑、靜態行為使用 3C 增加，是全球的兒童與青少年共同現象，而此現象的盛行，同時可以觀察到體適能也逐年下滑。

Q8 哪些運動對成長發育期的孩子有比較大的幫助？

A8 各式的運動都對孩子有幫助，不管是心肺耐力、肌力、柔軟度等，團體型的運動，能協助孩子促進人際關係，參與運動競賽，則能享受成功的喜悅以及承受挫折的勇氣與經驗。

Q9 什麼樣的運動可以明顯幫助孩子長高呢？

A9 選擇具衝擊性或或跳躍性的運動，例如：跳繩、打籃球、打排球⋯⋯等。

Q10 成長發育期的孩子在運動後，需要補充哪些營養？

A10 應該補充富含優良的蛋白質以及適量的碳水化合物的食品，並補充適當水分與富含維生素與礦物質蔬果。

營養

家長以身作則養成好習慣 飲食天然多樣化
鼓勵咀嚼減少糖攝取 讓食物擁有家的記憶

臺北醫學大學食品安全學系
副教授
臺北醫學大學藥學系博士

楊惠婷

在孩子各階段的成長過程中，關乎是否攝取到足夠營養的「吃」，一直是父母所傷腦筋的問題，孩子能夠吃得下、吃得好，但是否吃得營養？吃得健康？如果孩子吃不下、吃得少，更會擔心是不是身體出了狀況？會不會影響成長發育？若是孩子能從小建立良好的飲食習慣和行為模式，即便偶爾放縱，也不易與原來的飲食習慣脫軌，因此，家長要把握住孩子的行為尚具可塑性的時期，協助建立良好且正確的飲食觀，方能健康成長，一生受惠。

 ## 避免偏食 多元探索養成飲食好習慣

　　飲食是維繫生命、湧現活力的根本，孩子的第一口食物，通常來自媽媽的母乳，研究發現，哺乳的媽媽如果吃不同食物的話，乳汁會有不同的味道，當寶寶吃到口味不同且多樣變化的母乳時，較能早點適應外界的環境變化；因此，哺乳期的媽媽應重視營養均衡、多元攝取，增加寶寶對食物、對環境的適應力。

　　雖然不是每個寶寶都以母乳為食，開啟對食物的探索，就算喝配方奶長大的孩子，隨著年齡成長，也可以逐步開放

配方奶、副食品的選擇，讓孩子有機會去探索各種味道的食物，不斷嘗試新鮮的食物。

不過，當孩子逐漸長大，學會吃、懂得吃之後，有的孩子會特別避開某些食物，出現令家長煩惱且常見的偏食行為。遇到孩子有偏食的情形時，家長不妨深入想想，孩子是原本就不肯接受某種食物的味道或口感？還是在家裡的餐桌上，因為家長的個人習慣，本就不提供那樣的食材，所以造成孩子也跟著偏食？如果答案是後者，家長連帶就要調整個人飲食習慣。

回想 0～3 歲嬰幼兒時期的孩子，應該不會讓父母苦惱偏食問題？因為那個時期的孩子飲食通常取決於父母的選擇，會給孩子吃什麼？不給孩子吃什麼？逐漸養成孩子自己的飲食習慣；也就是說，孩子的飲食習慣基本上源於父母，營養均衡是種習慣，偏食也是一種習慣，家長不可不慎。習慣偏食的家長，易養成偏食習慣的孩子。

孩子成長至從 6 個月起，可以逐漸引入固體食物。從較為濃稠的如米粉、燕麥粥等。之後可以逐步添加蔬菜、水果和蛋白質食品（如細碎的雞蛋、豆腐或肉泥等），此時需特

別注意，為了瞭解寶寶是否有過敏反應，特別是家族有食物過敏史者，須逐一引入單項食材。另外，食物中萬不可添加任何形式的糖分，包括糖水、果汁和糖果等。母乳或嬰兒成長配方已提供足夠的醣類。

在飲食習慣尚未定型、約 4 ～ 6 歲幼兒時期，儘量讓孩子多方嘗試、適應不同的食物，甚至勉強進食，讓他們接觸到不同的食材，無論味道、口感，都願意嘗試，自然能夠避免偏食問題。

 ## 建立觀念 幼兒時期奠定飲食好基礎

幼兒時期的孩子較會表達自我主張，這幾年，我在幼兒園做餐飲輔導，除了重視衛生，還審視餐飲菜單設計，進而發現一個嚴重的問題：由於幼兒園的餐飲內容政法並未以法規強制規定，許多幼兒園為了討家長和孩子的歡心，餐飲菜單設計多以孩子的喜好為首要考量，而非讓孩子學習、探索，以及增加對新食物的接受程度為準則，時常更新食材，幫助孩子自然而然地嚐試新的食物。

　　究其原因，幼兒園深怕孩子面對不喜歡的食物，鬧彆扭或是吃得少，導致家長怪罪，因此故意挑選孩子喜歡的食物或是口味偏重，甚至有部分家長過度寵溺，要求幼兒園配合孩子的飲食習慣，唯恐家中小霸王生氣不吃飯。

　　似乎只要孩子順利用餐完畢，就是一份好菜單，至於孩子是否願意嚐試新食物？營養是否均衡？口味是否偏重？鹽分攝取是否過高？……等等健康因素，就不在菜單設計主要的考量了。

　　許多幼兒園的餐飲菜單，猛然一看設計得相當漂亮，但湯湯水水的食物居多，如湯麵、粥品，容易使得鹽分過高，讓孩子攝取過多鈉，因為水有稀釋作用，易造成口味偏淡，烹煮食物者會不自覺地加重調味，讓孩子願意入口，久而之造就了孩子成為 [鈉] 美人一族。

　　這些經歷高鈉洗禮的孩子將習慣帶到了國小國中，往往因為學校的營養午餐規定遠比幼兒園來得嚴苛，而覺得學校提供的餐飲不合口味，衍生更多的飲食問題。

所以，儘管家長不需如營養師般了解或分析每項食物的營養成分和熱量，但對於孩子的飲食必須給予觀念或建立行為模式，而不是一昧要求學校來配合孩子。

其實在飲食教育上，最主要的還是家長的態度，即使再忙仍必須堅持一些良好的飲食習慣，伴隨孩子成長日積月累、潛移默化，從小奠定良好的飲食基礎和正確的觀念。

 ## 鼓勵咀嚼 有助咬合擁有好牙學習佳

食物、料理的口感，也是孩子餐飲的營養攝取應該重視的問題，現代家庭環境大多比昔日來得好，加上少子化的關係，許多家長不自覺對孩子過度寵溺，食物過度精緻化，一些比較硬、耐咬、纖維質多的食物都會加工處理，久而久之，孩子習慣也比較喜歡吃口感偏軟的食物和料理，忽略了「咀嚼」這個動作。

特別是幼兒園的餐飲設計，擔心孩子吃太慢或是遭到家長負評，多會選擇讓孩子好入口、無須多咀嚼的食物、料理，長期慣壞孩子，缺乏培養牙齒的耐力。

此外，不乏見到有些孩子，尤其是幼兒，吃東西極慢，父母貪圖方便，乾脆放棄訓練孩子良好的進食習慣，甚至讓孩子邊看電視、3C 產品，家長直接餵食，以求趕緊吃完，孩子自然「囫圇吞棗」、「食不知味」。

事實上，細嚼慢嚥、多咀嚼有韌性、堅硬的食物，不但有助齒顎咬合，訓練出一口健康又穩固的好牙齒，還會刺激腦部，提升血液循環，頭腦變得清醒，比較不會恍惚出神，學習能力較佳；所以，在快速發育的小學時期，尤其要讓孩子多做咀嚼運動，以增強腦部的活性化，提升學習能力。

原態食物 從小富養天然飲食好習慣

略具營養概念的人在餐飲時，通常都會選擇原態或原形食物，所謂原態、原形食物，係指食材保留最原始的狀態，而非加工製品；舉例來說，鮮魚魚片和魚丸、豬肉肉片和貢丸，鮮魚魚片、豬肉肉片就是原態食物，而魚丸、貢丸，雖然含有魚肉、豬肉，但為了變化口感且定型、長期保存，破壞食材的原貌，並且添加食品加工劑，也就不是原態食物了。

　　不知有無聽過「女兒要富養」，孩子的飲食也是要「富養」。在中、南部地區許多農家孩子在外食時，常嫌棄餐廳的蔬果料理，因為他們從小就食用自家最天然、原態的食物，如此「富養」，自然一吃即知好壞。

　　飲食「富養」的孩子，從小他吃到天然、原態、健康的食物，懂得享用食材既有的鮮甜美味，自然不會隨便亂吃加工食品、零食或是醃漬、口味過重的食物和料理，成人之後，也多會下意識避開加工食品，維持健康飲食的好習慣，減少身體的負擔。

　　建議家長經常花點時間，教導孩子認識食物的原態、原形，告知孩子食用原態食物的重要和好處，有時間更可以帶著孩子一起到傳統市場、超市、大賣場接觸、挑選食材，甚至在家跟著料理食物，孩子知道食材原貌，以及食物的變化；食材的選擇應以天然、健康為先，而非價格昂貴、標榜頂級的食材。而學校老師也可以善用營養午餐時間或相關課堂上，為孩子訴說食材的故事、明白食物的天然營養成分，盡可能培養天然、健康飲食的好習慣，歡喜感受食物的新鮮原味。

彌補虧欠 別以食物當作補償或獎勵

到了週末，平常上班的父母可能想放鬆一下，不想下廚，就選擇到外面速食吃飯，或是很多的家庭可能會因為小孩表現得好，或是考試考了一百分，就說：「走，這個週末帶你去吃速食。」

還有一點要請家長特別注意，就是——千萬不要拿食物當獎勵品，或用來補償對孩子的歉疚！許多孩子喜歡上速食店，有的父母便用此鼓勵孩子，成績優異或是表現良好便可到速食店用餐，殊不知無形中造成孩子錯誤的觀念，誤以為被當成獎勵品的速食餐飲，都是「好東西」，甚至將這類速食食品當成人間美味，忽略其中油炸、少蔬食、多添加物等食安問題。

有些雙薪家庭的父母，平時沒有時間陪伴小孩，就經常利用週末假日全家到速食店同享歡樂，既能增進親子感情，也可以省去下廚的麻煩，有違自己平日耳提面命叮囑孩子少碰薯條、可樂等不健康食物的告誡；而且在此番操作下，孩子對速食餐飲保有正面、美好的印象和回憶，也就忽略了速食餐飲易高鈉高鹽、營養不均衡的問題。

有些家庭環境沒有那麼優渥的父母，因為無法讓孩子在物質方面高度享受、上昂貴的補習班，心生虧欠和愧疚，便以金額相對較少的食物來補償孩子，讓孩子吃自己喜歡但不健康的零食、料理，不自覺養成孩子偏食、錯誤的飲食習慣。

 ## 糖分超標 手搖飲料店增加肥胖危機

坊間手搖飲料店林立，常見人手一杯，許多人甚至幾乎每天一杯，孩子們也是趨之若鶩，但你知道嗎？喝一杯含糖飲料，添加糖攝取量就容易超過每日上限參考值。就算是喝半糖飲料，一天的糖分攝取量也可能爆表，是不是嚇一跳?! 以上說的還只是「純茶飲」的部分，還沒計算「加料」後的熱量和糖分。一般常見的飲料配料，如：珍珠、布丁、椰果、養樂多、蒟蒻等，熱量和糖分都很高，大杯的無糖珍珠奶茶，儘管各家飲料店的用料與分量不盡相同，但平均下來還是有約 350 大卡的熱量。

若每日攝取的理想卡洛里量為 2,000 大卡，添加糖攝取應低於 200 大卡，以 1 公克糖熱量 4 大卡計算，每日添加糖攝取應低於 50 公克；依據食藥署食品營養成分資料庫，一杯

700 毫升的「全糖」珍珠奶茶，含糖量近 62 公克，一天一杯就超過每日糖攝取上限；除了超量的糖，還含有 4 茶匙的沙拉油，因為奶茶含有奶精，而奶精屬於油脂類，如此一來，這杯全糖珍奶的熱量至少有 420 大卡；假設午餐吃了一個便當，飯後又搭配一杯全糖大杯珍奶，熱量便會直接突破 1,000 大卡，肥胖與贅肉就這樣累積出來了。

所以，建議喝手搖飲料時，儘量選擇無糖茶飲，如果真的非喝奶茶不可，建議改點中杯無糖珍珠鮮奶茶（珍珠＋低脂鮮奶＋無糖綠茶或紅茶等），熱量大約只有 170 大卡，不僅可藉由新鮮牛奶補充鈣質，還可減少奶精的油脂的攝取。

油脂過量 以健康餐盤概念避免危害

過量的糖分攝取，除了導致肥胖，也有可能觸發性早熟，大幅影響孩子的正常發育，不可不慎。孩子如果經常攝取甜食、炸物、含糖飲料，肥胖、性早熟的機率也隨之提高，因此，不讓高糖、高油的食物入口，均衡飲食，就是避免性早熟的根本之道。

　　我曾遇過有位小女孩喜愛吃雞皮，雞皮有油脂，油脂含膽固醇，膽固醇又與荷爾蒙連結，相互影響之下，就出現性早熟的現象。還有人熱愛鹹酥雞加珍奶，後來竟罹患癌症！其實每個人都帶有癌症因子，高溫、高油脂和燒烤的料理容易延伸出致癌物，應該儘量少吃。

　　天然原味、營養均衡的飲食，是孩子健康成長、成人快樂生活的不二法門，偶爾可以放縱一下口慾，但千萬要克制住慾望，別養成高糖、高油的不良飲食習慣，日後後悔莫及。

　　在此特別提出「健康餐盤」（如圖 5-1）的概念，蔬菜類、水果類、豆魚蛋肉類、全穀雜糧類，外加乳品類、堅果種子類；首先要記住，蔬果要吃得夠，每天至少吃到兩碗煮熟的蔬菜和兩個拳頭量的水果，打好營養均衡的基礎，再去享用其他食物。一餐一碗燙青菜，料理起來簡單、方便又營養，倘若只能外食，就叮囑店家少放油、蔥。

　　總而言之，如果孩子想要長高、避免性早熟，肚子餓時，應該補充適合的食物，千萬不要隨意亂吃高糖、高油的料理和食品。學齡中的孩子正在成長，或動量又大，每到下午容易餓，想要吃點心，家長可以提供吃些優質蛋白質的點心，如：水煮蛋、豆漿、牛奶都是不錯的選擇。

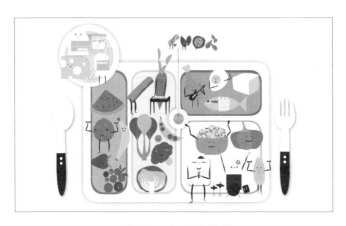

〈圖 5-1〉健康餐盤

[註] 此為孩童每餐的食物類別配比示意圖，請注意各類食物份量需要依照此例
　　供孩童攝取，讓孩子養成每日攝取各類食物作為營養來源的好習慣。

※ 資料來源：衛生福利部國民健康署

 ## 營養午餐 專家把關提供均衡的營養

　　就營養均衡的角度來看，小學以後的學校所提供的營養
午餐反倒是健康無虞的，因為國教署會根據兒童在每個階段
所必須攝取的各種營養，請專家特別規劃設計餐飲菜單。然
而，現代社會多為雙薪家庭，忙於工作的父母通常疏於在家
烹煮，讓孩子外食的比率極高，相對挑戰學校營養午餐的適
應性。

　　學校的營養午餐有營養師的控管、調整，在烹煮時，應該加多少調味？也都有所限制，儘量呈現食物的原味，這也才是食物真正該有的味道，而不是為了配合、應付孩子的口味而去改變、破壞食物。營養午餐的提供，讓小學生、中學生一天當中至少吃到營養最均衡的一餐。不過，這樣重視營養均衡卻口味偏淡的營養午餐，往往無法討好每一張嘴巴，尤其是長期外食的學生，常會抱怨連連。

　　對原本飲食習慣清淡的學生而言，低鈉的味道對他們來說，是很正常的，反之，則會嫌棄營養午餐。孩子的飲食習慣，通常是家長培養起來的，一個平常就偏食的孩子，不可能在面對營養均衡的營養午餐，開心地全部吃光光。

　　有些孩子在幼兒園時，並未養成良好的飲食習慣，甚至有的家長只要小孩能夠吃飽，哪怕是只用白飯加肉鬆就解決一餐，也不會在意，造成營養單一化的飲食偏頗，這種現象延伸至國小，自然形成困擾。

　　在學齡前飲食不受管理的孩子，到了國小、國中階段，飲食受到學校的控制，就會覺得「不好吃」。然而，國小、國中的營養午餐有國教署盯著，就連學校福利社所進的飲料、

食品也有規範，因此，在提供營養上不至於有太大的問題，食安也嚴格把關，家長最好可以配合。

 ## 成長營養 各階段孩子營養需求不同

　　成長中的孩子，需要補充各種營養，也需要去嘗試食物多樣化、口感多元化，這是家長可以做到的。至於成長中的孩子最需要那些營養呢？大家都知道，長高就需要鈣，而能夠促進血液循環的鐵，也相當重要，還有維他命 B 群，它會安定心神，增進新陳代謝，較不易感到疲累，鉀也可以安定心神，讓孩子上課專心聽課，另外，補充魚油中的 Omega-3（EPA+DHA）更是成長中的孩子不可或缺的營養。在此，特別提供孩子一週的飲食參考建議。

　　不同成長階段的孩子，也有不同的營養攝取原則和重點：在 0 ～ 3 歲的幼兒期，這個階段首重腦部發育，從哺乳期的母乳或奶粉，以及鐵、葉酸、DHA，這些營養元素深深影響腦部發育，缺一不可。在幼兒期也要注意鋅的攝取，對於免疫系統非常重要，如果鋅攝取不足，孩子就會出現體型瘦小的狀況。

　　3～6 歲則是孩子的快速成長期，更是腦部發育重要時期，活動量也增加很多。所以，除了持續補充鐵、鋅、鈣這些微量元素，也要重視優質蛋白質的攝取；由於這個時期的孩子自主性增強，容易挑食，因此更必須重視營養均衡，不要偏向某種或少數的營養攝取，像是基本的全穀雜糧類、豆蛋魚肉類、乳品類、蔬菜類、水果類、油脂與堅果種子類等六大類食物，都必須攝取充足。而維生素 B 群（B1、B2、菸鹼酸、B6、葉酸）的攝取也是這時期應該注意補充的營養，方能應付較大的活動量。4 歲以上的孩子，維生素 D 的攝取狀況不甚理想，菇類、黑木耳、鮭魚等富含維生素 D 的食物可不能少！

　　7～12 歲的孩子成長速度雖會趨緩一些，但肌肉的強度和數量也會快速增長，所以這階段千萬不要減肥，反倒要開始累積儲存脂肪，讓孩子有更大的成長空間。此階段的鈣質補充也相當重要，維他命 D 則能幫助鈣質吸收，若能經常從事戶外活動，更有助於此階段孩子的發育。另外，7 歲以上女孩須特別注意維生素 E 是否攝取足夠，可以多選擇全穀雜糧及堅果類食物。

13～18歲的孩子則處於成長穩定發展的階段，父母要格外重視孩子每日飲食所需熱量，以及每類營養攝取的比率；唯有攝取均衡營養，才能好好成長。而擔憂孩子長不高的父母，更要把握這個兒童成長的最後一段路。其中，礦物質——鋅的攝取不足在這個年齡層極為常見，建議增加堅果及帶殼海鮮等富含鋅的食物攝取，將可提升學童的專注力。最後，膳食纖維攝取嚴重不足在全年齡層皆可見，養成餐餐有蔬菜的習慣著實為維護孩童健康的首要工作！

 ## 保健食品 補充營養還是天然的最好

許多家長擔心家中孩子營養不均，認為既然營養攝取可能不足，那就用保健品來為孩子補充營養吧！希望能夠藉由保健食品，幫助孩子調整體質、健康成長。

事實上，固然營養的缺乏，可以利用保健食品補充，但保健食品跟藥一樣，都是精萃出來的東西，進入體內之後，還可能導致肝臟器官的工作量增大。跟藥物比起來，保健食品只是食材的濃縮物，雖然吃多不至於致死，但長期啟動肝臟的某個酵素，對身體也易產生負擔。所以，當家長煩惱兒

童營養問題，還是儘量從天然食物中攝取，才不至於增加肝臟負擔。

雖然每日均衡飲食、從天然食物攝取營養不太容易，就算大人自己也未必能做到，但對於成長中的孩子，還是須要特別注意他們的飲食，從小養成良好的飲食習慣，才能擁有健康的身體。

若真的有保健食品的需求，必須先判斷孩子是否真的缺乏特定營養素的情形，建議透過專業醫師、營養師綜合評估，利用孩子的身長曲線、身體組成變化，以及食物不耐受等體位量測與檢驗結果，搭配飲食紀錄進行分析，若判定有營養素缺乏的情況，務必以飲食中矯正為主，保健食品為輔作為搭配建議與營養計畫，切勿輕信廣告或是非專業旁人推薦。

運用保健食品，也需選擇專為孩童量身訂做所設計出來的產品。並且需確保產品檢驗合格，同時能明確提供原料來源並有完整的食品及營養標示，這樣才能放心讓孩童選用。

家中廚房 別造成污染衍生食安問題

在家庭中，廚房是料理食物、提供營養的場所，卻也是容易造成汙染、發生食安問題的地方。

廚房必備的抹布，就可能是污染廚房的主要來源。抹布若處於潮溼狀態，恐藏有超過數億的細菌，繼續擦拭廚房或鍋碗瓢盆，會讓家中的食物陷入食安危機。因此，如果抹布上有棉屑、霉斑，就要毫不眷戀，立刻更換。而且廚房抹布不應該只有準備一條通用，應是數條、分類使用；而且抹布最好選擇白色，一旦有髒污或黴菌，馬上能看出來。清洗抹布時，除了用沸水，也可使用稀釋過的漂白水消毒；若不喜歡漂白水的味道，可改用小蘇打粉洗淨，放兩湯匙小蘇打粉至沸水中，煮抹布也能達到類似的效果。使用沸水煮抹布，煮沸後僅需再煮 5 分鐘，無需太久。

不少民眾或餐飲業者經常在廚房架上墊上紙板，以免油汙沾染架上，或是裝有食材的紙箱就堆放在廚房內，但高溫、溼熱的廚房是蟑螂最喜愛的環境，紙箱、紙板的空隙，恰好成了蟑螂最愛也最佳的產卵環境。

再來，有些民眾為了講求環保使用木製或竹製餐具，或是不沾鍋具需要使用木製鍋鏟，但潮濕的廚房容易讓這類食具發霉，民眾卻常誤以為是使用久了產生的焦黑顏色，黴菌因此下肚。

還有幾乎家家戶戶都具備的電鍋，也特別容易藏污納垢，烹煮澱粉類的米飯，對於細菌、黴菌而言，更是非常營養的東西，一旦不清理，就容易滋生黴菌，就算挑選的米要價不菲，電鍋若沒清理乾淨，一樣會吃進病菌；所以，電鍋使用過後，就應該立即清洗。洗淨後，也要立即晾乾或直接烘乾，減少微生物或細菌滋生的機會。

情感滋味 在孩子記憶烙印家的味道

我們常會聽到食物中有「媽媽的味道」或是「阿嬤的味道」，這樣的味道，相信在許多人的認知，都遠勝於任何山珍海味。

現代社會外食族居多，許多父母不由得忽略了在食物相關的記憶中，這樣無可取代的情感連結。無論餐桌上的料理是否美味、可口？這分家人之間的情感，將讓孩子養成習慣，

覺得「吃飯」是件重要的事情，不會配著電視、手機、平板，囫圇吞棗，而成為家庭重要記憶的一部分。長大以後，無論離家再遠，依然會想念家裡的味道。

鼓勵家長儘量在家中開伙，就算無法天天烹飪，一週兩、三天，甚至一週一天也好，煮點簡單的料理，全家人共同享用，不要全然依賴外食，外面的餐館再好吃也會吃膩，「媽媽的味道」卻是永遠不會膩。

家長在假日時，不妨在家準備點簡單的飲食，菜色無需太過複雜，煎個荷包蛋，或是來點紫菜蛋花湯，再炒幾個菜，就是一桌家常菜；全家人共餐，養成習慣，在餐桌上進行情感交流，當然，不要討論讓人消化不良的話題，自然可以感受食物與情感交融、深烙腦海中的好滋味。

當家長陪伴孩子用餐時，同時也可以告知食材的來由相關知識。不要每次強調「誰知盤中飧，粒粒皆辛苦」，可以聊一些食物的話題，像是今天吃的米是從哪裡來？東部和西部所種出來的米有什麼差異？白米和糙米的差異性和營養又是什麼？玉米筍和玉米之間的差異又在哪裡？……家長可以趁機告訴孩子食物攝取營養的重要性，如果有機會，更可以

帶著孩子一起到市場或超市採買食材，讓他們接觸食材、認識食物，進行食農教育，透過這些分享和互動，讓孩子對於吃飯這件事不只是吃飯，而是包含對家人的情感、對食物的體驗、對土地的認識、對社會的認知，以及永恆的、家中獨有的味道。

 營養 Q&A

Q1 孩子在成長發育的各階段，需要哪些重要的營養？營養來源又是什麼？

A1 在此以學齡前（1-6 歲）與學齡後（7-12 歲）進行分類並提供建議。1 ～ 6 歲幼兒需要的營養素幾乎相同，只是需要的熱量及食物的分量不同，而男女孩在 4 歲前生長和活動量沒有明顯的差異，所以需要的熱量和食物的分量相同。但是 4 歲以後，男女孩的體型及活動量差異性增大，所以需要的熱量和食物的分量會不一樣。

7 ～ 12 歲的學齡兒童，雖然成長速度不及 1 ～ 6 歲及青春期，但仍處於穩定成長階段，在此時期分為 7 ～ 9 歲及 10 ～ 12 歲兩階段規劃營養攝取，隨著年歲增加，

營養素需求也隨之提升，父母一樣需要了解如何從天然食材取得主要的營養攝取。

〈表 5-1〉「國人膳食營養素參考攝取量」
（建議 1 ～ 12 歲孩童各類營養素攝取）

年齡區間營養素	1～3歲	4～6歲	7～9歲	10～12歲
熱量（大卡）	1,150	男 1,800 女 1,650	男 2,100 女 1,900	男 2,350 女 2,250
蛋白質（公克）	20	30	40	男 55 女 50
脂質（總熱量 %）	30-40		20-30	
碳水化合物 （總熱量 %）	50-65%			
膳食纖維	19	男 25 女 23	男 29 女 27	男 33 女 32
飽和脂肪 （總熱量 %）	<10%			
n-6 多元不飽和脂肪 酸（總熱量 %）	4-8%			
n-3 多元不飽和脂肪 酸（總熱量 %）	0.6-1.2%			
維生素 A（微克）	400		500	
維生素 D（毫克）	10			
維生素 E（毫克）	5	6	8	10

〈表 5-1〉「國人膳食營養素參考攝取量」
（建議 1 ～ 12 歲孩童各類營養素攝取）（續）

年齡區間營養素	1 ～ 3 歲	4 ～ 6 歲	7 ～ 9 歲	10 ～ 12 歲
維生素 K（微克）	30	55	60	
維生素 C（毫克）	40	50	60	80
維生素 B1（毫克）	0.6	男 0.9 女 0.8	男 1 女 0.9	1.1
維生素 B2（毫克）	0.7	男 1 女 0.9	男 1.2 女 1	男 1.3 女 1.2
菸鹼素（毫克）	9	男 12 女 11	男 14 女 12	15
維生素 B6（毫克）	0.5	0.6	0.8	1.3
維生素 B12（微克）	0.9	1.2	1.5	男 2 女 2.2
葉酸（微克）	170	200	250	300
鈣（毫克）	500	600	800	1,000
磷（毫克）	400	500	600	800
鋅（毫克）	5	8	10	
碘 M（微克）	65	90	100	120
硒（微克）	20	25	30	40
氟（毫克）	0.7	1	1.5	2
鈉（毫克）	1,300	1,700	2,000	2,300
鉀（毫克）	1,500	男 2,100 女 1,900	男 2,400 女 2,200	男 2,700 女 2,500

資料來源：衛生福利部國民健康署

Q2 現代兒童營養攝取狀況如何？有什麼需要特別注意的地方嗎？

A2 根據 2017～2020 年「國民營養健康狀況變遷調查」結果指出，現代兒童飲食在礦物質攝取較為失衡，膳食纖維也有嚴重不足的情形，這些問題歸咎其原因主要都是外食比例過高，或是沒有培養良好的飲食習慣……等。因此，我們在這裡建議家長應該要讓孩子遵守以下原則——

1. 養成規律且均衡的飲食習慣：

   1 歲之後幼兒除了持續飲用乳品外，需要透過攝取各類食物來補充成長所需營養，而增進口腔牙齒及肌肉的發展也非常重要，這部分就需要藉由咀嚼各類食物來達成，因此，必須讓兒童習慣各類質地食物，而非將所有食材都切成小塊或是煮得極軟爛，這些調理方式不只會無法讓孩童有咀嚼的機會，同時也會增加營養素流失。

2. 每天攝取 500 毫升乳品：

   當幼兒逐漸長大後，每天可以攝取 2 杯牛奶，以適量供給維生素 B2 及鈣質等營養。

3. 吃早餐：

吃早餐可使孩童精神好、反應快，無論在課堂上或運動場上的表現都比較好。許多研究發現，孩子早上若沒吃早餐，上課時注意力不能集中，反應慢，學習效果差。此外，讓兒童養成早睡早起的習慣，使兒童有時間從容地吃早餐。

4. 戒零食甜點，但要有健康的點心：

兒童活動量大，但消化系統卻未發育完全，一天可提供 4 至 6 次餐點，因此，在正餐外，也要為孩子安排點心。家長需明白，零食與點心不同，點心除應能供給兒童所需熱量外，也應含有相當的營養素，而並非只有油跟鈉。點心供應的時間需固定，供給量以不影響正餐為主。根據校園飲品和點心販售範圍規定，國中以下學校校園飲品和點心販售應遵循下列原則——

(1) 飲品和點心食品 1 份供應量之熱量應在 250 大卡以下，其中由脂肪所提供之熱量應在 30% 以下（鮮乳、保久乳、蛋、豆漿可不受此限）。

(2) 加糖類所提供之熱量應在 10% 以下（優酪乳、豆漿之添加糖量得占總熱量之 30%）。

(3) 鈉含量應在 400 毫克以下；校園烘焙食品（麵包、餅乾、米製品）油和糖所提供熱量之總和，不得超過總熱量之 40%，且油、糖個別所占之熱量亦不得超過總熱量 30%；飽和脂肪所提供之熱量應在 10% 以下，反式脂肪酸應為 0。

因此，兒童可選擇鮮奶、水果、飯糰、堅果等作為點心。

5. 多選擇新鮮食物：

根據國民營養健康變遷調查指出，7 歲以上孩童鈉就有攝取過高的情形。而鈉的主要來源為醬料、醃漬品，還有高度加工食品等，因此，這類食品需要避免。某些罐頭、醃漬食物、蜜餞等加工食品，因在加工過程中常加入過多鹽、糖，以及食品添加物，容易養成孩童重鹹、重甜的飲食習慣，故宜避免。

Q3 現代兒童在一天中的飲食建議？

A3 根據國建署的建議，1 ～ 6 歲與 3 ～ 6 歲的飲食建議分述如下兩表──

〈表5-2〉1-6 歲幼兒一日飲食建議量

年齡（歲）	1-3		4-6			
活動量 熱量（大卡）	稍低	適度	男孩 稍低	女孩 稍低	男孩 適度	女孩 適度
食物種類	1150	1350	1550	1400	1800	1650
全穀雜糧類（碗）	1.5	2	2.5	2	3	3
未精製 *（碗）	1	1	1.5	1	2	2
其他 *（碗）	0.5	1	1	1	1	1
豆魚蛋肉類（份）	2	3	3	3	4	3
乳品類（杯)**	2	2	2	2	2	2
蔬菜類（份）	2	2	3	3	3	3
水果類（份）	2	2	2	2	2	2
油脂與堅果種子類 （份）	4	4	4	4	5	4

* 「未精製」主食品，如糙米飯、全麥食品、燕麥、玉米、蕃薯等。
　「其他」指白米飯、白麵條、白麵包、饅頭等，這部分全部換成「未精製」更好。
** 2 歲以下兒童不宜飲用低脂或脫脂乳品。

資料來源：衛生福利部國民健康署

〈表 5-3〉3-6 年級學童一日飲食建議量

生活活動強度	稍低		適度	
性別	男	女	男	女
熱量（大卡）	2050	1950	2350	2250
全穀雜糧類（碗）	3	3	4	3.5
未精製 *（碗）	1	1	1.5	1.5
其他 *（碗）	2	2	2.5	2
豆魚蛋肉類（份）	6	6	6	6
乳品類（杯）	1.5	1.5	1.5	1.5
蔬菜類（份）	4	3	4	4
水果類（份）	3	3	4	3.5
油脂與堅果種子類（份）	6	5	6	6
油脂類（茶匙）	5	4	5	5
堅果種子類（份）	1	1	1	1

*　「未精製」主食品，如糙米飯、全麥食品、燕麥、玉米、蕃薯等。
　　「其他」指白米飯、白麵條、白麵包、饅頭等，這部分全部換成「未精製」更好。

資料來源：衛生福利部國民健康署

 現代人的飲食習慣似乎偏向高糖、高脂，這對兒童飲食和營養來說，有什麼樣的影響？兒童成長階段又該如何避免高脂、高糖的問題？

A4 除了上述的飲食原則外，我們也必須注意全家人應一起建立良好的飲食習慣，主要如下列三點——

1. 不要用高糖高油食物作為獎勵：

孩子成績進步或是在校有優異表現，須注意不可以高糖、高油的零食或是飲料作為獎勵，讓孩子對於這類高熱量食物有錯誤印象；另外，也須注意不要投射自己想要在假日放鬆或是紓壓的心態，帶孩子吃高熱量大餐，特別是速食，這些方式都會讓孩子對於健康飲食的觀念有所偏差。

2. 建立一家人一起用餐的習慣：

陪孩子在輕鬆愉悅的環境下用餐，不要在用餐時懲罰、責罵孩子，以鼓勵代替強迫或是責罵，讓孩子嘗試各種食物。用餐時，切記勿讓 3C 產品上桌，每日利用這短短的 1 小時，讓孩子體會飲食與營養的重要性。

3. 鼓勵孩子探索新食物：

讓孩子能夠經由視覺、觸覺、嗅覺、味覺等方式了解食物，透過跟孩童談論食物特性，來了解孩子對食物的感受與喜好等。

Q5 請問「777 減糖飲食法」適用於成長中的孩子嗎？

A5 不適合，「777 減糖飲食法」適合成人，不適合成長期中的孩童。孩子在成長發期間，均衡且足夠的營養對他們非常重要，因此飲食重點在於良好習慣的建立。

Q6 我們常從新聞媒體看到有關食安的報導，看似問題叢生，現在食安最嚴重的問題是什麼？在日常生活中又該如何注意飲食，避免發生食安問題？

A6 最嚴重的問題來自於環境荷爾蒙。

現代人日常外食比例偏高，漸漸喪失了在家烹調的能力以及享受期樂趣，往往也疏於判別食材好壞。如果追溯到一切的起點，就是要懂得認識各種不同食材，並且了解食物烹調特性，以及新鮮食物的選購。了解何為新鮮

食材？了解食物原本應有的味道和氣味，是預防或是避免食安問題最主要的關鍵。

Q7 廚房是居家烹煮食物、提供營養的地方，但一不小心也可能成為汙染源，我們平時該如何避免因廚房汙染造成食安問題？

A7 如果要避免居家烹煮引起食安問題，除了基本食材以及環境衛生須留意外，須注意以下幾點：

1. 每週清理冰箱及乾貨庫存。
2. 切生食和熟食所使用的刀具、砧板，務必分類分開放置。
3. 處理雞肉和雞蛋後須洗手，並且避免交叉汙染。

Q8 坊間手搖飲店林立，常常人手一杯，新聞曾報導過孩子長期喝珍珠奶茶導致身體出現異狀，請問廣受歡迎的珍奶對成長中的孩子有何危害？

A8 珍珠奶茶的主要營養結構為糖跟油，沒有其他的營養，屬於空有熱量的飲品，根據許多調查指出，平均一杯全

糖珍珠奶茶含有 12 ～ 14 顆方糖（60 ～ 70 克），遠遠超過成人建議量（每日低於 25 克糖）。由此可知不僅是對於孩童，對於成人也是一大危害。高油、高糖，對於血糖控制以及預防肥胖等，都是一大敵人。

Q9 如果家長無法有效制止孩子購買手搖飲，會建議孩子在購買時，可以有什麼比較好的選擇？最好避開什麼樣的飲品？

A9 避開糖分為主的飲品，飲品最好是無添加糖的。任何飲料都比不上白開水來得好。手搖飲的攝取行為往往在於同儕間相互影響，也有可能為了追求偶像團體聯名產品，這些行為並非只是錯誤飲食觀念，需要家長給予更多的關心，並且以身作則，適時給予孩童正確觀念，才能讓他們逐漸擺脫對手搖飲的依賴。

心理

重視心理環境與親子關係 建構成長型思維
增加有利因子 協助孩子在發展里程中前行

賓州大學兒童發展碩士
上善心理治療所院長

羅秋怡

　　當夫妻有了孩子之後，便快速進入人生里程的下一章。成為父母之後的壓力跳級暴增，養育孩子的過程有苦有甜，彼此也因各種經歷逐漸成長成熟。夫妻二人有著不同的生理、心理、家庭與文化，隨著時間推進，種種有利與不利因子在生命週期中交疊加成，也影響孩子在各階段發展的心理樣貌與特質。如何早期發現，將不利因子化轉成有利因子，父母便是協助復原歷程中最重要的人。

　　美國哈佛大學醫學院教授及精神科醫師 George E. Vaillant 主持的研究中心，1938 年開展了一項長期跨學科人類發展研究，名為「格蘭特研究」（Grant Study），追蹤 268 名哈佛大二學生，每五年的訪談，累積了 75 年來大量的資料，進而審視分析他們日後的身心健康、婚姻、生涯的結果，長期研究發現了影響幸福人生的相關因素，包括成功或不成功的發展有影響原因。其一發現，家庭有愛的氛圍，來自家人之間良好關係，快樂的童年的回憶，為日後打下了基礎，提供了一生中遭逢各種未知壓力時，抵抗的力量底氣與資源。父母愛孩子，想要幫孩子贏在人生的起跑點，後來發現，有健康、有快樂的孩子，才是能夠獨立的孩子，脫離父母提供的舒適圈，慢慢走向未來長久的利基。好好認識瞭解孩子，有意識

地提高有利因子，降低不利因子，化不利為有利，是父母可以放在心中學習察覺的，幫助孩子在不同的發展階段前行的重要行動與概念。以下介紹重要的概念與行動方法，提供每位家長精準的智囊！

 ## 了解氣質 抓對方向循序漸進好關係

氣質的研究，最早由兩位美國小兒科醫師 Alexander Thomas 和 Stella Chess 在 1960 年代，觀察與評估 100 多名孩子的行為與情緒所提出。根據父母的訪談評估了 141 名兒童的氣質。

他們將孩子的氣質分為 9 個向度，包括了活動量、規律性、趨避性、適應性、反應強度、情緒本質、堅持度、注意力分散度、反應閾。氣質組合的發現，太過極端都可能讓照顧者難以拿捏。家長了解孩子的特性及氣質，抓對方向，循序漸進，若能因材施教，可減輕照顧上的壓力。

每個孩子天生的氣質，從嬰兒時期就能觀察到，加上這 9 類氣質的各種不同排列組合，呈現不同的樣貌。有的氣質組合成「好好養型」，例如規律性加上適應性高氣質的孩子，親子互動良好，不費神的大概佔了 40％。有的氣質組合成

「困難型」的氣質，容易引發家長耗費心神仍不知孩子為何難受哭泣，安撫不下來，家長也快要崩潰的局面，大概佔了10％。有的氣質組合，需要關注未來發展成注意力不足過動症的機會，例如活動量大加上注意力偏分散氣質的孩子。

因為氣質為天生，一時難以更改，觀察與了解孩子先天氣質，培養親子默契，塑型管教才有機會發揮功效，不急於一時，改變需要時間，不用著急，但方向要正確。改變個性並非一時可為之，先抓住對應方向。例如：忙碌沒時間的媽媽遇上拖拖拉拉、慢條斯理的孩子。兩者相遇，不只媽媽壓力大，孩子壓力更大。但若是孩子一再被叨唸責罵，問題仍在，還會衍生其他焦慮的情緒或對立反抗的態度。

每個孩子因氣質不同，會形成獨特個性的一面。但因為氣質天生，在學齡前階段，建議家長準備精準對應策略，有長期抗戰的心理準備，只要抓對方向，不要急於一時，培養好親子之間良好關係，接納而非硬槓，減少動輒呼叫咆哮，口不擇言說重話，能給彼此時間，定能慢慢找到改變與適應方法的。在教養的過程中，找到適切互動、回應的方法，以減少衝突的方式，增加孩子的調適力與適應力。以下列出各氣質特徵及建議的對應方式，請照顧者及家長們參考。

〈表 6-1〉氣質特徵與對應

氣質面向	特徵	對應
1. 活動量	孩子活動量的多寡、節奏的快慢	活動量大的孩子精力充沛，喜歡跑跑跳跳，每日需要安排安全發散其體力活動，規律地帶孩子到運動場、公園大量運動。
		活動量低的孩子，比較不需考量其安全問題。但活動量太低可能會呈現消極狀。父母親宜多安排戶外活動提升其動能。
2. 規律性	孩子生理機能的規律性，可以預測其想睡，睡醒時間、何時吃飯、上廁所等	規律性高的孩子生活作息很容易預測，家長可以預先規劃行程。
		規律性低的孩子不易預測，與家長生活作息節奏配合不起來時，學習多使用時鐘作為提醒工具，慢慢訓練，建立習慣。
3. 趨避性	當孩子面對新鮮的人、物、事時，表現出來的最初反應是退縮排斥還是接近	趨性較高的孩子樂於接受新事物，勇於嘗試，家長需要提醒規範與安全。
		避性較高的孩子，比較怕生一開始容易拒絕新事物。家長不要用過度激烈的方式，例如未經準備就把孩子丟入陌生的環境，反而會引發恐慌與排斥，不良的經驗，遭致對新事物更加的拒絕。家長要有耐性需多鼓勵，多幾次的引導。
4. 適應度	孩子面對環境變動，能調整自己進入狀況，配合環境所需的時間	適應力較弱的孩子，需要較長的適應期才能接受新事物。給予多次練習與嘗試，退縮時予以鼓勵，下次繼續，切忌故意強化失敗經驗，打擊自信。
		適應性強的孩子幾次之後就能進入狀況，感覺自在。
5. 反應強度	孩子對內在和外在刺激產生反應的激烈程度	反應強度強的孩子，不管開心或生氣，或遇到普通的事件都喜歡大聲嚷嚷，反應很大，常誤導他人的觀感，以為很嚴重。
		反應強度弱的孩子，傳達的情緒訊息較弱，可能常會被忽略。
		家長仍須明察事件為何，不要只以孩子的反應強度作為判斷的依據。

〈表 6-1〉氣質特徵與對症（續）

氣質面向	特徵	對應
6. 情緒本質	情緒本質是指孩子表露於外的情緒，屬於正向，快樂友善的多，還是屬於負向的、不快樂、生氣、哭泣、不易親近的多	容易沮喪、愛哭的孩子，本人壓力大，也容易讓照顧他的大人感到心累不解，孩子與大人都需要多安撫與鼓勵。了解引發情緒的原因，引導樂觀看待。
7. 堅持度	孩子做事時若遇到困難或挫折，會持續下去的程度	堅持度高的孩子，一旦要做，不因困難輕易放棄。若拗起來也很難轉移其注意力；堅持度低的孩子，很容易遇到阻撓就放棄。
8. 注意力分散度	是否容易被周遭環境外界刺激的干擾，改變孩子正在進行的活動	注意力強的孩子，學習因專注而事半功倍。但也可能過度專注在自己的活動，有時對外界較少回應。 注意力容易分散的孩子，通常到小學功課要求多時才被發現，因為花了長時間還沒完成功課。大人在學習環境上應力求簡單，減少耗費長時間無效率的學習模式，減少造成分心的刺激源，教孩子集中注意力的方法，一次做一件事，不要一次開好幾個大腦工作視窗。多提供孩子一對一、短時間單元，一段落一段落的分段完成作業。
9. 反應閾	能引起孩子覺察到並做出反應的外界物理刺激最小量	反應閾低的孩子，對微小刺激量即可以引起注意力。感官敏銳，高敏感度的孩子，容易受環境影響而有反應，同時也很容易受到干擾。 反應閾高，低敏感度的孩子神經較大條，不容易覺察到環境上的改變，也不容易因為外在刺激而產生反應。

養成習慣 了解與掌握發展的關鍵期

　　行為習慣的養成，始自幼兒期，父母若能了解與掌握孩子發展的關鍵期，協助孩子建立習慣、增加自我控制、操作能力愈加精熟、有符合年齡程度的責任感，這些養成，有助於未來孩子的自我照顧與獨立性。

　　史丹佛大學 Stanford University 擔任過學務長的 Julie Lythcott-Haims，「如何養出一個成年人：別因為愛與恐懼，落入過度教養的陷阱，讓孩子一直活在延長的青春期」一書的作者，強調兒童做家事對孩子成長的重要性。Lythcott-Haims 進行有關大學生的研究，範圍包括大學生的心理健康、壓力、自我價值感和學術成就等。她強調透過參與家務，孩子可以學習到責任感、獨立性和生活技能，這些技能對他們未來的成長和生活都非常重要。她還提到「直昇機父母」概念，如果家長一味地為孩子做一切，孩子就會失去學習這些技能的機會，進而影響他們未來的發展。

　　童年時期能建立的家事好習慣，預測了未來建構良好職業生涯的正向相關因素。能承擔責任是產生差異的重要特質。家長可根據小朋友年齡，試著讓他們也負擔一些家事，訓練

孩子培養責任感。會做家事的小朋友，預測未來的成就愈大，但一般華人很重視成績成就，可能會將孩子身邊的「瑣事」拿走，殊不知那些都是幫助孩子建立精熟感的重要媒介。孩子能洗碗、摺衣服，表示精細動作發展良好；孩子能掃地，表示有基本的粗動作與手眼協調。父母親若以為孩子做得慢而剝奪其練習的機會，孩子可能更沒有熟練的一天。

生理健康的孩子父母不忍心給他們家事做，更何況對先天生理上有疾病醫療需求的孩子，例如：需要日日量血糖的孩子，在父母親擔心之下，往往只求安全一天過一天，不捨得孩子做太多事，也因此，病童只能更加深依賴無助的心理。最終不是因為生病減弱自身能力，而是面對生病的方式與態度。

孩子是否會做家事，有賴家長的引導。家長引導孩子積極參與家事，將「做家事」定義有榮耀感，引導孩子進入做家事的習慣，養成做家事的榮耀感。若把家務當成外勞的事情，當成無奈逃避的事情；甚至錯誤定義為「家務是媽媽的」，如此錯誤的認知，將會讓家務成為「不好」的「苦差事」，或是命不好才需要做家事；這些錯誤觀念，反而讓養成自立的行為延宕，日後只能依賴他人，無法自我照顧。

跳脫框架 增加控制力與精熟操作力

隨著年齡成熟，分擔的任務從小幫忙的協助到能主導事件完成的順序，意味著對先後順序的計畫能力與環境的責任感有所增加。**家長若能跳脫智能的框架，培養孩子的責任感，有助於增加控制力、精熟操作力。**

從生活作息及遊戲中訓練，孩子不會覺得很辛苦。一旦完成所累積的成就感與自信心，會是未來自我效能的重要基礎。家長和照顧者不要因為孩子還沒做好，就剝奪繼續練習的機會，常聽到大人一邊抱怨小孩不幫忙，一邊又抱怨愈幫愈忙。大人矛盾的心態，降低了孩子的樂意與主動。謹記，孩子從不會到會，需要練習的時間。家長快樂做家事的示範，從做給孩子看，到看著孩子做的歷程，將有助於凝聚家人之間的情感。

家長和照顧者可根據孩子發展年齡，大肌肉與小肌肉成熟的程度，逐步漸進協助孩子養成做家事的能力與習慣。例如，2～3歲的幼兒，把玩具放進籃子裡，建立歸位感；4～5歲的孩子，可以把髒衣服放到洗衣籃，飯後將碗筷放進洗水

槽；6～9歲的孩子，可以操作清潔器具、洗碗、倒垃圾以及協助料理餐點；10～13歲的孩子可以學習操作洗衣機，用瓦斯爐、烤箱料理食物，可以交代完成許多家事，協助看顧家中弟妹。以下為符合年齡發展的家事項目建議：

〈表 6-2〉符合年齡的家事項目建議

年　齡	家事項目建議
2～3歲	穿衣服，收拾玩具、把玩具放進籃子裡、脫下衣服、拿衣服去洗衣籃、襪子配對、幫忙擺放餐具
4～5歲	刷牙、洗臉、梳頭，餐後收拾桌子、幫忙折毛巾、煮餐時幫忙、幫忙澆水、把髒衣服放到洗衣籃
6～9歲	自己洗澡、幫忙摺衣服、掃地、擦桌子、倒垃圾、使用吸塵器、協助料理餐點
10～15歲	煮飯、洗廁所、倒垃圾、擦地板、操作洗衣機，用瓦斯爐、烤箱料理食物，協助看顧家中弟妹

 從小練習 具備情商自信和能力基礎

　　情緒是每個人都會產生的，當情緒來的時候，不想要被情緒干擾，重要的是察覺它的存在，是被何事引發？好好處理情緒，而不是光壓抑住它。人被情緒卡住，就算智商高，也可能做出衝動不合宜的舉動，學會先處理情緒，才不會自亂陣腳。

情緒引起的人體生理反應，若太過紛亂、激動、興奮、緊張，難以協調的狀態，可能變成所謂的恐慌症、焦慮症、強迫症，若能試著面對龐大不敢面對的情緒，談開它，將原本連結的情緒鬆動、轉化，這些症狀也會減輕或改善。

認識情緒與表達，並且從小練習，才能具備自信和能力的基礎，長大之後，相對擁有高情商（EQ）。

從小開始的情緒 EQ 教育，可以預防心理疾病與情緒障礙。情緒發展是天生的，3 個月嬰兒已發展出愉快的情緒反應，6 個月嬰兒則開始發展厭惡、恐懼與害怕情緒，約 1 歲半的幼兒發展出快樂與忌妒情緒。

大概 8 個月大孩子開始有分離焦慮，這是人類天生的求生本能，要留在主要照顧者身邊，對熟悉的環境感到自在，對外呈現恐懼害怕與排斥感。分離焦慮是正常的情緒發展階段，因著成長會有幾個高峰，剛上幼兒園、上小學、換班級、換老師等等。小時候有嚴重分離焦慮的孩子，長大比一般人更難接受轉換環境。

約 2 歲半的幼童隨著認知能力成熟，也隨之發展與分化出多種複雜情緒，例如：不安、羞恥、希望、失望、羨慕……

等等。愈能探索情緒變化，了解情緒起伏是中性的，任何情緒都有發生的可能，不是壓抑情緒，要控制的是行為。在激烈情緒下產生的行為可能會有自我傷害或傷害他人，需要被探測與學習疏通。

 情緒管理 提供能度過風暴的安全感

孩子需要的不是無塵室，而是提供他能度過情緒風暴的安全感，能夠談論各種心情的氛圍，承受情緒起伏的勇氣。

示範與教會孩子做好情緒管理是後天的。了解生理、心理、動機、行為均受到情緒影響，範圍無所不在，透過與他人互動及學習管理情緒，可望未來能具備自信與能力，健康的成長。因為成長中，有各式各樣不合意的事件隨時會發生，就算父母、照顧者，盡力想給孩子最好的環境，然而，父母盡力想做到 100 分，孩子可能不盡然能感受到 100 分滿意；或是父母親盡力要訓練孩子朝向 100 分完美邁進，有可能留下的是看到世界的缺陷與不堪。

看似不好的事，不一定都是不好的，一生很長，不能全然陪著度過時，教孩子怎樣與挫折並存，在起伏的情緒中安

然度過，格外的重要。成長過程父母能夠給孩子最好的是，能夠提供度過情緒風暴的安全感，能夠談論各種心情的氛圍，帶給孩子勇氣去承受情緒的起伏，教他使用生活周遭看的到自然可取得的素材度過起伏的時光。

 ## 學習抒發 不累積負面情緒思而後行

家長應讓孩子學習抒發情緒的好方法，才不會累積壓力，能夠從察覺、標示情緒，到思考後，再行動。

以下提供情緒教育的精準方法。當孩子鬱悶、不高興、發怒時，如何轉換與走出陰霾？大人們可配合孩子理解程度，教孩子認識並標示不同的心情，例如：生氣、害怕、難過、挫折……等等，大人用語言來表示關注，幫助兒童說出與定位可能的各種心情。用說的好處在於讓孩子認識並標示情緒，而不是用生悶氣或不良行為來發洩。

著名的 EQ 專家高曼（Daniel Goleman）將情緒大致分成8 類，每一類又細分其他的子項。我們學習標示出情緒，作為對內對外溝通的字彙，而不是被問「怎麼了？」，只會說「不知道」。每一種情緒大致還可以分成正向情緒與負向情緒或是複雜綜合的情緒。學習標出它，是第一步。

〈表6-3〉EQ 專家高曼（Daniel Goleman）的情緒分類表

負向情緒	憤怒	生氣、微慍、憤恨、急怒、不平、煩躁、敵意、暴力
	悲傷	憂傷、抑鬱、憂鬱、自憐、寂寞、沮喪、絕望
	恐懼	焦慮、驚恐、緊張、關切、慌亂、憂心、驚覺、疑慮
正向情緒	快樂	如釋重負、滿足、幸福、愉悅、興趣、驕傲、感官的快樂、興奮、狂喜
	愛	認可、友善、信賴、和善、親密、摯愛、寵愛、癡戀
複雜或其他情緒	驚訝	震驚、訝異、驚喜、嘆為觀止
	厭惡	輕視、輕蔑、譏諷、排拒
	羞恥	愧疚、尷尬、懊悔、恥辱

 化解壓力 不讓負面的情緒造成陰影

　　小朋友若覺得被了解，無形中不安的情緒被釋放，而能逐漸轉移心中積壓的不舒服。接下來，大人可以提供兩個孩子可以接受的活動選擇，一邊讓孩子轉移注意力，一邊藉由選擇可以的行動，讓孩子走出情緒不佳的困境。例如：小寶，媽媽知道你現在很難過（標示情緒），因為車子被弟弟拿去玩（指出原因），弟弟玩5分鐘後換你玩（可等待目標），現在你要玩機器人？還是吃蘋果（替代方案）？適時給個擁抱（接納感）。這樣子做，兒童在受挫後，可進行其他活動，而不是僵在那邊。

　　另外，大人一定要預留時間空間給孩子做選擇，就算小朋友都不滿意，大人不必硬逼孩子。更重要的是，在這過程

中，教孩子體察情緒變化，學會等待、輪流、忍耐、分享；好比人生一樣，不是時時完美，但求盡力便是。事後大人可強調孩子做到自我控制，獎勵孩子 EQ 進步了。逐漸的，小朋友對負面情緒的反應方式，會逐漸成熟。之後小朋友便會藉由玩玩具、扮家家酒來抒發內心的波動，而非時時刻刻都需大人為其心情負責。

至於對無法替代的事，如失去親友、生病這類較嚴重的失落、痛苦，大人不要故意避免談它，愈避而不談，小孩心中的疑慮會愈多。可能會誤以為是自己不好，做錯事才發生不幸。日後可能形成自卑、過度消極悲觀退縮的性格。生活中難免遇到不能預料之事，教孩子學習認識及接受情緒，做情緒的主人，學習用有效的行為來控制抒發情緒，化解壓力，不要讓負面情緒成為親子關係的殺手，或演變成長大後人際關係、心理健康的陰影。

 親子溝通 成長型思維無畏失敗自卑

美國史丹福大學心理學教授卡蘿·杜維克（Carol Dweck），1970 年代起，做了大量有關成功的理論與研究工作。她研究發現，不同的心智模式，如何思考成為未來接受挑戰面對困難

的後續？具有成長型心智模式（Growth Mindset）的人，有了目標，逐步前行，對照固定型心智模式（Fixed Mindset）的人，容易以成敗論的自我評價，在挑戰中害怕失敗而裹足不前。

擁有成長型心智模式的人認為，智力高低不是決定成功的唯一因素，人是可塑的，成功的機會可以通過教育和努力提高；他們用樂觀積極的態度去面對各種問題、困難和挑戰。當個人擁有成長型思維，做事不易放棄，能從過程中享受到樂趣，尋求幫助，更加堅毅，他們會更在意自己從一件事中是否真正學到了東西，而不僅僅是能夠通過考試，所以獲得成功。

傳統以固定型思維，認為智力和才能是與生俱來的，是固定不變的。認為如果你聰明又有才幹，你可以不用努力就獲得成功；如果你失敗了，那就說明你並不聰明，努力也沒法改變這一現實，所以當遇到挫折時，他們寧可放棄，也就離成功愈來愈遠。

這兩種思維模式在一個人的童年期和成年期逐步顯現出來，並在諸多方面發生完全不同的作用。若欠缺成長型心智，總是採用固定型心智去面對問題，縱使能一時逃避，重複的

錯誤仍會不斷發生，挫折感、壓力及自卑超過個人負荷或使用不當的方式宣洩，極可能導致心理、生理及社會問題。

因此，鼓勵家庭建立「成長型思維」的親子溝通，讓孩子不再害怕失敗，感覺自卑而裹足不前。

 ## 鼓勵過程 自我練習以調整心智模式

家長可能不知道，鼓勵孩子用語，暗藏著玄機。從嬰兒期就開始運用正確的「稱讚」技巧來塑造思維模式，例如不要再說：「你好棒啊！好聰明啊！」

Carol Dweck 教授經過超過 15 年的研究已經可以確定，稱讚孩子的天賦與能力，對孩子有害無益，完全不利於孩子幼小思維模式的健康成長。絕大多數被稱讚天賦的孩子，都選擇了最簡單的任務，因為他們有把握可以做好，而被稱讚在過程努力的孩子，幾乎都選擇了看起來比較困難、但能學到東西的任務。

父母鼓勵的是努力的過程，而不是成功與否的結果，並且透過自我練習，調整心智模式。

心智模式並非不能變更的，不只可以變更，甚至可以在短時間內改變。如果我們發現這個天大的祕密，且願意調整心智模式，是可透過自我練習來達成的。不要再對自己說「我很笨、我不行、別人比較厲害」，而是轉成「是還沒成功，不是不會成功！我再試試看，給我了解看新的方法怎麼用，一定可以的！」所有努力嘗試的過程，都會往成功鋪路。

換句話說，如果父母親率先調整心智思維，看著孩子成長時以鼓勵試試看，代替分數評價，不是以滿分作為好不好的評斷標準，更不是用孩子的成績作為自己的成績，而是能夠鼓勵孩子在過程中的嘗試，作為欣賞的依據，無形中孩子將不斷自我成長，朝目標前進而無可限量。

 ## 面對逆境 化解壓力轉為成長的助力

對於失敗、衝突或健康問題等逆境，人人反應不同，有的人悲觀覺得自己會失敗；有些人則是堅持到最後，不輕言放棄。這些面對逆境的態度不同，反應也不同，帶來的處理因應也不同。哪些因素使人面對危機不逃走？他們熬過來的契機是什麼？生活中難免遇到不能預料之事，教孩子學習認識及接受情緒，做情緒的主人，學習用有效的行為來控制抒

發情緒，化解壓力，體會到危機就是轉機，化壓力為成長的助力。

能預料的壓力，較好應付。例如可預期時間的，尚可事先準備。然而更多是難以預料的事件，像天災人禍沒有約時間就前來。人一生中至少會遇到一次重大事件，例如：失戀、被背叛、被詐騙遇財物損失、車禍、至愛離去、家人生病、遇到不公不義之事……等等，當不良事件發生，因為抵抗過挫折，先前練習過，反而能夠應變泰然。這些淬取出的素質，更是成為韌性的資源。

孩子還年幼時，父母親的婚姻家庭關係尚處在新成立、摸索中的階段。如果此時期父母及家庭壓力過大，沒有好的因應策略產生，經歷愈多的兒童時期負面經驗，將愈不利兒童成長，有可能使孩子的健康狀態惡化，壽命平均少了19年。

初期生長史累積太多負面的經驗，包括：兒童遭受到家庭氣氛不佳，父母經常吵架、對兒童冷漠、疏忽、虐待，不管是肢體的或語言的暴力，或是目睹家暴，都會對孩子的生理心理帶來深遠的影響。長期的研究指出，負面經驗累積的次數與時間愈多，日後影響生理機能、罹患疾病的比例愈高。

培養能力 遭遇困境同時長出復原力

　　人生不如意雖十之八九，但提早發生的「兒童期的負面經驗」，（Adverse Childhood Experiences, ACEs），提高了日後的生理心理疾病機率。根據 1998 年 Dr. Vince Felitti 文斯醫師完成有關兒童時期負面經驗研究，說明了童年不良經驗對大腦發育、免疫系統、激素系統造成的影響；同時也影響了罹患心臟病、肺癌、中風、心血管疾病、糖尿病、高血壓、癌症，藥酒癮的機率。除了生理疾病，精神方面罹患憂鬱症的機率提高，也有較高的自殺傾向。過早暴露的負面經驗，會使兒童產生緊張、害怕、擔憂等情緒，更甚者，還會影響大腦功能運作，造成學習力、注意力下降，課業成績不佳，對健康有不良的影響。也就是說童年時期經歷愈多的負面經驗，會讓一個人的健康狀況變得愈糟，甚至壽命平均少了 19 年。父母親在複雜的婚姻關係中摸索，難以預料關係品質的變化發展，而孩子承受了家庭起伏難料的氛圍，熱吵與冷戰都使得孩子身陷情感的衝擊，難以倖免。

　　遇到危機，尋求專業協助。找到方向與策略，增加面對壓力的韌性。

　　不過壓力也不全然都是不好的。在此呼籲父母親無論如何都要做好情緒管理，遇有重大事件，不知如何是好時，務必尋求專業的協助，不要自我孤立。除了各醫療單位之外，各地的衛生局、社會局對特殊需求的民眾提供保護性專案，衛福部提供年輕人諮商協助，還有全省的各民間社會福利團體為有需求的民眾開案，提供必要的支柱。遇到危機，找到方向與策略，增加面對壓力的韌性，隨著處理能力的增強，在一次一次的危機中，察覺找到有利的行動，將視線轉移到較寬的視野，別陷入死胡同，求助非弱者，不要輕言放棄，珍愛生命，化壓力為助力，就會關關難過關關過。以上的概念與行動，可望培養家庭與孩子在多變的環境中前行的能力，遭遇困境亦能長出復原力。

〈表 6-4〉ACE 量表（童年逆境測驗）

請問在 18 歲以前，是否有以下感受？

1. 你的父親或母親或其他家中的成人，時常咒罵、羞辱、貶抑你，或做任何讓你害怕可能會造成你身體受傷的行為？
2. 你的父親或母親或其他住在家裡的成人，時常推你、抓你、掌摑、朝你丟東西，或曾經打你讓你身上有傷痕受傷？
3. 任何成年人或至少較你年長 5 歲的人，曾經以你不喜歡的方式碰觸或觸摸你的身體，或者要你碰觸他／她的身體，或是要求你做任何性相關的性行為？
4. 你是否常常覺得家裡沒有一個人愛你、認為你是重要或特別的，或是你覺得家裡的人並不彼此照料、彼此間並不親密或是支持對方？

5. 你是否常常覺得你沒有足夠的食物吃、不得不穿髒衣服、沒有人會保護你，或是你的父母因為喝太醉或是濫用藥物毒品導致疏於對你的照顧，像是你需要看醫生的時候，沒有帶你去看醫生？

6. 你的雙親是否曾離婚、分居？

7. 你的母親（或是繼母）是否時常被推、抓、掌摑、被丟東西，有時或時常被踢踹、被咬，或被很硬的物品打或曾經被人一直持續打（至少幾分鐘），或被人拿刀子或武器威脅？

8. 你是否曾經和有酒癮或是藥物毒品濫用問題的人同住過？

9. 你的家庭成員中是否有人罹患憂鬱症或其他心理疾病？或是否有人曾經嘗試自殺？

10. 你的家庭成員中是否有人曾經入獄？

以上答「是」超過 4 題以上，顯示有較高的成長危險因子，提醒日後應多自我關照，注重身心健康管理的察覺與意識。

心理 Q&A

Q1 孩子 5 歲，活潑好動，注意力不集中，老是上課時起來走動，調皮搗蛋。雖然很可愛，但一天到晚收到老師的特別訊息，讓父母有些憂心，父母該注意什麼事？

A1 學齡前孩子發展尚未成熟，然而幼稚園老師發現孩子與同齡小朋友相較之下，可能有活動量稍高，聽指令的能力較弱，自我控制力不足。建議家長可以看看孩子在家也會這樣嗎？是否還不知道要遵從老師的指令，看起來像聽而不聞，總是自在地做自己？還是有理解上的問題？

「注意力不足過動症候群（ADHD）」是一個發展性的疾患，早期發現早期治療，可以預防日後棘手的共病問題。低年級前開始給孩子簡單的指令，減少 3C 產品使用。到醫院看兒童心智科，可以做初步篩檢，了解是否有注意力不足？若是注意力不足，症狀則可能長期存在，持續到成人。過動衝動的症狀，因外顯度高，很快在群體中會被注意。孩子的動作大，甚至有不顧危險的狀況，牽動大人的神經，不敢放鬆；父母可適時規律地帶孩子到運動場、公園，大量的運動，消耗體力，學習在空間中安全的活動。

Q₂ 孩子 3 歲，很少講話，是不是有自閉症？應該帶他去大醫院檢查嗎？

A₂ 3 歲小朋友正常發展已經懂一些單字，組合主詞與動詞，至少會說 3 個字的句子，例如：玩車車、媽媽抱。若很少講話，首先確定小朋友的聽力是否正常？是否聽得到全部的聲音？自閉症孩子不止少講話，非語言溝通亦有異常和困難，例如：少看人，不理解手勢，有固著僵化的行為，除了帶去大醫院檢查，了解孩子溝通受

阻，是語言環境刺激不足，還是有更深層的發展障礙議題？單純的語言遲緩，家長可利用的方法如下——

1. 從互動式的遊戲中促進小朋友的溝通能力，小朋友也比較容易自發性地說話。

2. 增進溝通意願和機會。創造機會讓孩子表達，而不是幫他把一切都做得好好的。

3. 父母說話時，儘量放慢速度，讓孩子有機會聽清楚。語句之間，略有停頓，好讓孩子有機會輪流說。

4. 家長親自對孩子說故事，增加談話氣氛，增加孩子的詞彙，拓展小朋友的理解範圍。

若檢查後具有自閉特質，學齡前發展還有很多變數，建議家長一定要帶孩子加入早期療育的行列，才不會錯過發展的黃金期。

Q3 孩子脾氣很拗，常跟其他小朋友或弟弟妹妹玩著、玩著就吵了起來，要什麼就要給他，讓大人很頭痛，該如何是好？

A3 兄弟姊妹是最早的同儕關係，因為發生了意見不同，玩著就吵起來，家長若能趁此讓孩子學習用和平的策略處

理衝突，有助於人際技巧。大人有時會不論情境，一律
要求大的讓小的，這樣有時行得通，有時行不通，原因
是大的感到委屈，小的亦無法學到合理對待，年齡反而
是說不通的不公平。

孩子脾氣拗，遇到多變的情境，小朋友學習好好說意
見，大人協助梳理孩子的情緒，同時提出可以如何兼顧
彼此的玩法。若是小朋友堅持都要以自己為主，家長不
妨讓自然的結果發生，堅守不能使用暴力強取豪奪的原
則，有時多一點點的等待或是挫折感，反而有助於彼此
產生新的調解模式。

Q4 小孩很害羞、怕生，動不動愛哭、嘟著臉，大人花很久
時間，逗不了小孩開心，心好煩，怎麼辦？

A4 孩子有天生的氣質，特別怕生的孩子，對於陌生人和陌
生環境，需要多點時間預告準備，才能適應。孩子語言
表達能力有限，不能說明，就直接以臉色呈現，情緒偏
負向，暫時無法笑臉迎人的孩子，往往會勾動大人的沒
耐性。大人不要以為孩子都是適應力強的，有的孩子無
法適應新環境，表情直接顯現，並非故意不配合。切忌

沒耐性之下，以「激將」方式，強迫孩子，有時激烈的情緒張力反使孩子記憶深刻，從此拒絕類似的場合。

建議大人先了解孩子不能適應的地方為何？大人跟小孩都需要多次溝通與嘗試，一邊協助孩子表達、認識，先知道自己還不能適應的點，但能逐步地接觸。一邊深呼吸，給點空間，多幾次的接觸，多點鼓勵，而非嘲弄揶揄，才能幫助孩子慢慢在不熟悉的場景中，逐漸適應新的人、事、物。

Q5 阿嬤很寵小孫子，4 歲了都還是阿嬤餵飯，媽媽想訓練小孩自己吃飯，培養生活自理能力，小孩卻一看到阿嬤就伸手找阿嬤，媽媽苦無機會訓練，頗為傷腦筋，有什麼方法可以提升孩子的自理能力？

A5 大人取悅討好孩子，只要孩子開心就好，很容易將孩子當成心肝寶貝疼養，雖然建立濃厚感情、依附關係，但可能會讓孩子無法展現其年齡的成熟與獨立感，更與照顧者緊緊相黏。隔代教養，如果大人成為孩子肚子裡的蛔蟲，孩子容易以臉色為利器，透過臉色，大人自動把事情搞定。與同齡者相較之下，孩子更難發展與建立自己能力的現實基礎。

三代同堂的結構之下，如果媽媽的教養理念無法發揮，家庭動力中孩子背後有不同勢力互相拉扯，而阿嬤可能誤以為這是保護照顧孩子的展現，自理能力低落主因還是大人之間的管教照顧理念差異，大人代勞，孩子缺乏練習機會。

積極與阿嬤溝通，大家都是愛孩子。當任務完成，讓阿嬤盡力疼愛。但不要剝奪最少練習的機會，透過完成任務獲得肯定，而非逃避任務，獲得保護。母親不要氣餒，邀請先生作為示範與溝通橋樑。讓母親承擔訓練孩子的責任。讓阿嬤不是作為苦力，而是可與孩子玩耍，享受天倫親情。

Q6 孩子7歲，家裡發生喪事，大人籠罩在悲傷負面情緒中，孩子還小，不用跟孩子說明，免得一家大小都在傷心？

A6 失去家庭成員，死者牽動家庭成員不同的情感聯繫，生死大事與未盡事宜，大人正在悲傷哀悼，難以承受，如何同時協助孩子理解生死？孩子看到的大人，或是哭泣悲傷，或是忙於處理後事，經歷各種儀式，透過根據不同年齡，理解出不同的結果。悲傷經歷幾個歷程，例如：

219

否認、憤怒、討價還價、沮喪、接受，也讓孩子了解到人死不會再出現眼前，但影響力與懷念都在。

7歲孩子，已經具有物體永恆概念，了解死後不能復生，好奇死後的世界是否存在？大人因失去親人的傷心，協助孩子同時理解生死，建立生命觀。透過喪禮的儀式，大人安撫情緒的話語，建立起孩子對死亡的理解。在哀悼中任何情緒都是正常的，直到最後能夠接受，給予哀悼者空間，或是想念，或是遺憾，或是祝福，慢慢地復原。哀悼沒有時間表，也沒有一定的方式。讓孩子同理接受，當我們想起死去的親人，不用迴避，滴滴眼淚都是珍貴的。

Q7 孩子很怕挫折，感覺不會的事情就不想嘗試，家長該如何協助孩子？

A7 成長中，有各式各樣不合意的事件隨時會發生，看似不好的事，不一定都是不好的。一生很長，父母親不能全然陪著度過時，教孩子與挫折並進，在起伏的情緒中安然度過格外重要。成長過程中，父母能夠給孩子最好的是，能夠提供度過情緒風暴的安全感、能夠談論各種心情的氛圍，帶給孩子勇氣去承受情緒的起

伏，教他使用生活周遭看得到、自然可取得的媒材度過起伏的時光。

生活中，難免遇到不能預料之事。當挫折感來臨，教孩子學習認識及接受情緒的起伏，學習用有效的行為來控制抒發情緒，化解壓力，不要讓負面情緒成為親子關係的殺手，或演變成長大後人際關係、心理健康的陰影。設立合理的期待，多試幾次，就會看到一次比一次進步。

Q8 父母親最近感情不好，甚至在孩子面前時而大聲吵架罵對方，大人吵架對孩子會有影響嗎？

A8 父母要特別留意，在孩子面前大聲吵罵，甚至引來暴力相向，孩子目睹暴力，更引發孩子的焦慮不安、恐懼害怕，失去安全感。目睹父母任何一方的傷心與沮喪，孩子同感挫折，甚至為了保護他認同的一方，孩子需要選邊站，形成忠誠議題。大人有意無意的拉攏孩子做為啦啦隊，變成鬥爭的三角關係，互相角力，對孩子的身心破壞很大，孩子成為幫手，可能會更焦慮、不安，不知道自己做的事情，到底是對或是錯？任憑隨著大人的情緒紛飛，無法有一個情緒安定的界線，最糟的是大人隨意對孩子種下仇恨的種子而不自知，會使孩子人格成長中增加負面的變數，不可不慎！

目前台灣已經成為亞洲離婚率最高的國家，一年 5 至 6 萬對離婚的數量，對不同年齡層的孩子產生不同程度的負面影響。學齡孩子更可能引發學習的退步、人際的退縮，青春期孩子可能靠向不良組織獲得慰藉。為了不讓孩子的身心健康作為代價，建議大人有婚姻衝突，應尋求婚姻諮商、法律顧問，找到和平解決的方法。

Q9 小時候發生的不好的事情，不要再提起，隨著時間過去就算了，是否自然就會淡忘？

A9 成長中遇到壞事多多少少，不如意十之八九，試圖用迴避的方式，往往會使記憶如同黑箱中裝著想像的怪物，更可怕！從小開始的 EQ 教育，可以預防往後的陰霾的累積，小朋友有時藉由玩玩具來抒發，有時則需大人的協助。大人們可配合孩子理解程度，教孩子認識並標示它，如：生氣、害怕、難過、挫折。大人用語言來表示關注，幫助兒童說出其鬱卒的心情，而不是壓抑逃避。

說出來的好處，在於讓孩子認識並標示情緒，不是用生悶氣或各式不良行為來發洩。小朋友若覺得被了解，無形中不安的情緒被釋放，而能逐漸轉移心中積壓的

不舒服。大人提供孩子可以接受的活動選擇，讓孩子理解不好的事情也有可以處理的方式，增加問題解決能力，慢慢走出無能為力的鬱卒困境。適時給個擁抱，讓孩子受挫後，仍可進行其他活動，而不是僵在那邊，不願前進。

Q10 父母親願意傾力栽培孩子成功，希望孩子能夠贏在起跑點，如何強化孩子的心理素質，提高抗壓能力？

A10 「贏在起跑點」，有可能一開始的好勝心，就會讓孩子過度擔憂在排名，表現不佳，而非享受學習的過程，遇到困難，容易產生壓力及挫折感，害怕結果不如預期，而放棄再嘗試。

心理學家發現具有成長型心智模式（Growth Mindset）的人，有了目標逐步前行，相反地，固定型心智模式（Fixed Mindset）的人，容易以成敗論的自我評價，反而易在挑戰中害怕失敗而裹足不前。因此，家長盡力培養孩子的，不是朝向每次都第一名的完美主義前進，盡力減低失敗率，反而要培養孩子的是——接受還不會卻還願意繼續努力嘗試的行動力，看待「不夠好」，不是比人差，而是需要時間學習，持續地自我鼓勵，往目標前進。

國家圖書館出版品預行編目資料

育兒之路精準攻略：掌握6大關鍵，培養健康優質
的寶貝／蘇本華、顏宏融、王淑麗、巫錦霖、楊
惠婷、羅秋怡著，翁雅蓁採訪撰稿. -- 初版. -- 臺北
市：商訊文化事業股份有限公司，2023.10
　　　面；　　公分. --（親子系列；YS01905）
ISBN　978-626-96732-3-0（平裝）

1. CST：育兒　2.CST：文集

428.07　　　　　　　　　　　　　　　112015558

親子系列 YS01905

育兒之路精準攻略
掌握 6 大關鍵，培養健康優質的寶貝

作　　者／蘇本華、顏宏融、王淑麗、巫錦霖、楊惠婷、羅秋怡
採訪撰稿／翁雅蓁
出版總監／張慧玲
編製統籌／蘇本華、翁雅蓁
責任編輯／翁雅蓁
封面設計／Javick Studio
內頁設計／唯翔工作室
校　　對／吳心恬、陳睿霖

出 版 者／商訊文化事業股份有限公司
董 事 長／李玉生
總 經 理／王儒哲
副總經理／謝奇璋
發行行銷／姜維君
地　　址／台北市萬華區艋舺大道303號5樓
發行專線／02-2308-7111#5638
傳　　真／02-2308-4608

總 經 銷／時報文化出版企業股份有限公司
地　　址／桃園縣龜山鄉萬壽路二段351號
電　　話／02-2306-6842
讀者服務專線／0800-231-705
時報悅讀網／http://www.readingtimes.com.tw
印　　刷／宗祐印刷有限公司

出版日期／2023年10月　初版一刷
　　　　　　2024年 7 月　再版二刷

定價：280元